Dr. Rakhi Dua

Análise de Antena Periódica Logarítmica usando HFSS

Dr. Rakhi Dua

Análise de Antena Periódica Logarítmica usando HFSS

ScienciaScripts

Imprint

Cover image: www.ingimage.com

This book is a translation from the original published under ISBN 978-620-7-81035-2.

Publisher:
Sciencia Scripts
is a trademark of
Dodo Books Indian Ocean Ltd. and OmniScriptum S.R.L publishing group

120 High Road, East Finchley, London, N2 9ED, United Kingdom
Str. Armeneasca 28/1, office 1, Chisinau MD-2012, Republic of Moldova, Europe
Printed at: see last page
ISBN: 978-620-7-92615-2

Análise da Antena Periódica Logarítmica Utilização do HFSS

Um livro

Por

Dr. Rakhi Dua

Professor Assistente

Universidade K.R. Mangalam, Gurgaon
Índia

LISTA DE CONTEÚDOS

RESUMO

A Antena de Laço Log-Periódico com Refletor de Terra (LPDA) é examinada como outro tipo de fio de rádio, que oferece uma grande capacidade de transferência de dados, uma grande largura de pilar e uma elevada captação. O projeto da nova LPDA depara-se com algumas dificuldades. Ao delinear o aparelho de receção, deve ser dada atenção à medida, ou seja, o fio recetor deve ser mais pequeno, idealmente conforme, a despesa de montagem deve ser minimizada e deve forçar uma grande execução eléctrica, por exemplo, grande coordenação, execução de radiação direcional sobre uma banda larga, grande reação temporal, etc. Tendo em conta estes objectivos, foi fabricada uma LPDA reduzida e direcional. As antenas log-periódicas serão fios receptores com elevado aumento, elevado aumento frontal, elevada proporção frente-verso e menor custo de montagem. Estes fios de receção podem ser geralmente executados em diferentes aplicações de correspondência, por exemplo, transmissão de negócios e reconhecimento de sinais de rádio. O LPDA tem uma medida mínima quando comparado com outros tipos de fios de rádio e o tamanho do LPDA planar pode ser fundamentalmente reduzido utilizando diferentes formas para os dipolos planares utilizados como parte do contorno dos LPDAs. Sendo um fio recetor autónomo de recorrência, o LPDA tem a vantagem de ter uma grande capacidade de transferência de dados de log-intermitente, além de ter uma grande execução de radiação. O cabo de receção funciona na faixa de 1,5 GHz a 6,0 GHz. A execução do fio recetor no espaço temporal demonstra uma mutilação irrelevante. Tendo em conta o seu perfil plano, as suas dimensões reduzidas, a sua grande capacidade de transmissão de impedâncias e a sua boa execução numa grande capacidade de transferência de dados, este aparelho de receção é um bom candidato para ser utilizado em radares, aparelhos de conveniência e outros circuitos UWB incorporados.

CAPÍTULO 1- MÉTODOS DE MEDIÇÃO NORMALIZADOS PARA ANTENAS

Métodos de medição normalizados para o projeto de antenas:-

O LPDA foi o primeiro aparelho de receção autónomo e sem recorrências que, logo após a sua criação, teve um enorme efeito nas empresas e nos sistemas de radiodifusão. As propriedades eléctricas da LPDA foram o primeiro aparelho de receção autónomo de recorrência que, imediatamente após a sua criação, teve um enorme efeito nas empresas, razão pela qual o aparelho de receção é conhecido como LPDA. Dentro da largura de banda predefinida, a realização da antena pode ser feita alterando o desempenho da antena em cada período. Deste modo, é possível obter uma operação multi-década. A LPDA é definida como uma antena cujos comprimentos dos dipolos sucessivos, os seus diâmetros e a distância dos dipolos sucessivos ao vértice estão todos relacionados por uma constante conhecida comoτ . A variação na banda de frequência será pequena seτ estiver próximo de 1 e podem ser observadas boas características independentes da frequência seτ não estiver muito próximo de 1.

1.1 Parâmetros LPDA

O objetivo principal deste estudo é criar uma LPDA planar, direcional e fisicamente compacta. A antena deve ser desenvolvida tendo em mente uma ampla gama de possíveis aplicações que podem ser alcançadas usando LPDA.

Para além dos parâmetros acima descritos, a conceção da LPDA enfrenta alguns desafios adicionais em comparação com outras antenas de banda estreita e de banda larga. De acordo com a definição, a antena periódica lógica deve ser operável em toda a gama de frequências 1-5, o que significa que a LPDA deve atingir uma impedância de 50Ω . Além disso, devido à densidade espetral de potência de transmissão muito baixa da LPDA, é necessária uma elevada eficiência de radiação para a antena, o que significa que as perdas cumulativas, incluindo as perdas dieléctricas e de retorno, devem ser mantidas muito baixas. O atraso de grupo é outro parâmetro importante que deve ser tido em conta no caso da LPDA, que dá uma medida do grau em que um sinal LPDA baseado em impulsos será distorcido ou disperso durante a sua transmissão.

Para uma transmissão de sinal sem distorção, a antena LPDA deve ter um atraso de grupo constante ao longo de toda a largura de banda operacional. Nas antenas de banda estreita, o atraso de grupo constante é conseguido naturalmente.

Os parâmetros da antena para a Antena Planar Periódica Lógica estão resumidos na tabela seguinte.

Perfil físico	Compacto, de preferência conformado, Baixo custo de fabrico
Largura do substrato	8,2 cm
Comprimento do	13 cm
Raio exterior	3,563 cm
Tau( )τ	0.7
Sigma ( )σ	0.84
Largura da abertura	0,89 cm
β ângulo	60 graus
δ ângulo	30 graus

Quadro 1.1

Os requisitos da antena para a Antena Trapezoidal Periódica Lógica estão resumidos na tabela seguinte.

Perfil físico	Compacto, de preferência conformado, Baixo custo de fabrico
Largura do	12 cm
Comprimento do	12 cm
Raio exterior	5,239 cm
Tau( )τ	0.65
Sigma ( )σ	0.81
Largura da abertura	1,31 cm
β ângulo	45 graus
δ ângulo	45 graus

Quadro 1.2

1.2Calibração de antenas

Esta norma fornece técnicas para decidir as variáveis do fio de rádio de aparelhos de receção utilizados para estimativas de fluxo emanado de obstrução electromagnética (EMI) de 30 MHz a 1000 MHz. Os fios receptores incluídos são aparelhos de receção diretamente energizados, por exemplo, dipolos sintonizados, dipolos bucólicos, clusters log-intermitentes, etc., que são utilizados como parte das estimativas administradas pela ANSI C63.4-(1988) Estes métodos incluem

1. Método do local padrão
2. Método das antenas de referência
3. Método das antenas standard
4. Método de campo padrão

Estes dois últimos métodos são incorporados por referência.

1.3 Factores da antena

Os factores de antena para as antenas utilizadas para a medição de acordo com a norma ANSI C63.4 devem ser precisos até um limite de ±1 dB e rastreáveis de acordo com a norma nacional.

Os factores da antena têm em conta as perdas devidas ao balun. Durante o cálculo do fator de antena, os efeitos do balun separado devem ser medidos ou contabilizados de outra forma e incluídos nos dados do fator de antena. Devem ser incluídas observações específicas nos dados para garantir que o utilizador compreenda como deve ser utilizado um balun separado e como considerar os seus efeitos. No caso de os factores de antena medidos serem ajustados para corrigir as perdas em cabos de comprimento fixo, tal deve ser claramente indicado nos dados do fator de antena fornecidos ao utilizador.

As variações das variáveis do fio de receção com a geometria e a polarização não são importantes para antenas eletricamente pequenas, de acordo com as observações experimentais, incluindo os vários tipos de aparelhos de receção de banda larga normalmente utilizados para estimativas de EMI de 30 MHz a 1000 MHz, quando utilizados nas recomendações de geometrias de acordo com a ANSI C63.4- 1988. As variações do fator de antena podem resultar da utilização de antenas pouco usuais, de geometrias de medição ou de acoplamento comum, ou da dispersão de linhas de transmissão para fios receptores verticalmente ligados. Os factores de antena podem ser medidos para a antena, a geometria e a polarização específicas, conforme indicado abaixo.

1.4Métodos de determinação do fator de antena

Existem várias formas de medir os factores de antena calibrados com precisão. A decisão sobre a melhor abordagem num caso específico pode basear-se no tempo, nos instrumentos e nos gabinetes acessíveis ao examinador.

Dois dos sistemas são o SSM e o RAM, métodos que são descritos nas secções seguintes. A exatidão destes métodos depende da natureza do local de medição. Dois outros métodos são o método do campo padrão e o método da antena padrão.

Método do local padrão

Geral

O método do local padrão para decidir os componentes do aparelho de receção requer um local de calibração de antena padrão.

NOTA - As antenas utilizadas para medir a atenuação de um local de ensaio em área aberta não devem ter sido calibradas nesse mesmo local, porque as imperfeições do local podem ter sido erradamente atribuídas aos factores da antena. Pode ser feita uma exceção no caso de grandes áreas abertas de ensaio. Nesses locais de grandes dimensões, as antenas podem ser calibradas utilizando a polarização horizontal numa trajetória de propagação que é independente da trajetória utilizada para as medições EMI. Os erros de calibração do fator de antena causados por anomalias no local só podem ser detectados através de medições em dois locais independentes ou em dois percursos independentes em locais de grandes dimensões. Por exemplo, dois caminhos independentes de 10 m podem ser facilmente acomodados num local de ensaio de 30 m.

Os factores de antena devem ser sempre determinados para a polarização horizontal apenas num local de calibração de antena padrão, a seguir designado por local padrão, utilizando o método do local padrão. Esta medição é geralmente desumana para as variedades de sítios para polarização uniforme e fornece um resultado mais próximo do que se pode obter no espaço livre.

NOTA - A polarização plana é preferida para o alinhamento dos aparelhos de receção, dado que

1) O acoplamento mútuo entre o conjunto mecânico de recolha e a linha de transmissão ortogonal é insignificante.
2) A dispersão da linha de transmissão é insignificante.
3) Os cálculos da onda uniforme no solo são menos confusos do que as estimativas da onda vertical no solo,
4) A secção da onda de superfície da onda uniforme sobre a terra está acoplada à superfície de forma mais inamovível.
5) A onda uniforme no solo é menos sensível a diferenciações na condutividade e permissividade da superfície do que a onda vertical.
6) As reflexões nos bordos do ecrã de terra são menores para a polarização nivelada.

Certos fios de rádio, por exemplo, fios receptores eletricamente pequenos, dipolos bucólicos, dipolos de banda larga e exposições log-intermitentes destinados a serem utilizados acima de aproximadamente 100 MHz, têm elementos de aparelhos de receção que são livres de altura e polarização no caso de não estarem a menos de 1 m sobre o plano do solo. Estes fios de receção podem ser ajustados em polarização uniforme num local padrão e, em seguida, ser utilizados com as mesmas variáveis de aparelhos de receção para qualificar um local em polarização vertical.

NOTA - Uma vez que apenas são efectuadas medições de atenuação do local de polarização horizontal quando se calibram estas antenas de banda larga no local padrão, a construção do local não é muito crítica. Um exemplo de um local aceitável para calibração da antena a 10 m é um local constituído por uma vasta garagem desimpedida com um plano de terra de 7 m " 14 m construído a partir de segmentos cobertos e colados de folha de proteção de papel de obstrução. O plano de terra deve estar a 20 m ou mais de distância do obstáculo mais próximo.

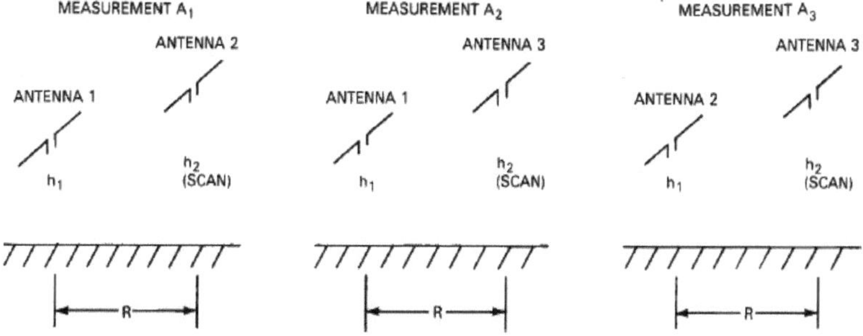

Fig1:-Medições de atenuação em três locais utilizando três antenas diferentes em pares

Descrição do método

Este método requer três estimativas de constrição do local sob geometrias indistinguíveis (h1, h2, R) utilizando três fios de rádio distintos tomados como parte de conjuntos como aparece na Fig. 1. As três demonstrações matemáticas relacionadas com as estimativas de atenuação de locais separados são as Eqs 1, 2 e 3 e a Equação 4 é a equação geral para a atenuação teórica do local.

$$AF_1\, AF_2 = \frac{f E_{MD}^{\max}}{279.1} A_1 \quad (1)$$

$$AF_1\, AF_3 = \frac{f E_{MD}^{\max}}{279.1} A_2 \quad (2)$$

$$AF_2\, AF_3 = \frac{f E_{MD}^{\max}}{279.1} A_3 \quad (3)$$

$$A = \frac{279.1\, AF_r\, AF_t}{f E_{MD}^{\max}} \quad (4)$$

Onde

ED_{max} = Campo máximo recebido em dB (mV/m).

AF1, AF2, AF3 = Factores de antena das antenas 1, 2 e 3 em dB.

A1, A2, A3 = Atenuações medidas no local (ver figura 1.1).

FM = frequência em MHz

A compreensão das expressões Esq. 1, 2 e 3 ao mesmo tempo e comunicando os resultados em decibéis, obtém-se as expressões imaginadas para as variáveis do aparelho de receção relativas ao termo de qualidade do campo de ondas do solo e à redução medida no local.

$$AF_1 = 10 \log f_M - 24{,}46 + \tfrac{1}{2} [E_d^{max} + A_1 + A_2 - A_3] \quad (5)$$

$$AF_2 = 10 \log f_M - 24{,}46 + \tfrac{1}{2} [E_d^{max} + A_1 + A_3 - A_2] \quad (6)$$

$$AF_3 = 10 \log f_M - 24{,}46 + \tfrac{1}{2} [E_d^{max} + A_2 + A_3 - A_1] \quad (7)$$

(todos os valores estão em dB)

Para a calibração das duas antenas idênticas, o seu elemento de fio de rádio, AF (dB), pode ser adquirido a partir de uma estimativa de constrição de um único local, A (dB), utilizando a expressão que o acompanha.

$$AF = 10 \log f_M - 24{,}46 + \tfrac{1}{2} [E_d^{max} + A] \quad (8)$$

Na prática, dois aparelhos de receção nunca são indistinguíveis, o elemento do fio recetor Figd by Esq. 8 é a média geométrica do segmento individual para cada um dos dois fios de rádio, no entanto, é concebível desenvolver certos fios de rádio que são tão quase indistinguíveis que os seus elementos são distintos por significativamente menos do que o erro de estimativa.5

NOTA - A precisão dos elementos do fio de rádio ditada pelo SSM utilizando o Esq. 5, 6, 7 e 8 depende da exatidão das estimativas de constrição do local. A precisão da estimativa refere-se à exatidão da calibração dos instrumentos e ao cuidado com que as medições são feitas. Não é necessário que o local seja tão perfeito como um local de ensaio de emissões radiadas, para que as medições polarizadas verticalmente sejam exactas.

A determinação prudente da técnica de estimativa ajuda a minimizar os erros de medição da atenuação do local nas Eqs 5-8, uma vez que a constrição do local é apenas uma medida da proporção Vdirect/V_{site} , em que V_{direct} é a tensão de entrada do voltímetro quando o gerador de sinais e o voltímetro estão ligados diretamente através das linhas de transmissão e dos atenuadores, e V_{site} é a tensão de entrada do voltímetro quando o gerador de sinais e o aparelho de receção de transmissão estão unidos e o voltímetro e o fio de receção de aceitação estão associados. As estratégias recomendadas para as estimativas de enfraquecimento do local de recorrência discreta e limpa são idênticas aos métodos para medições normalizadas de atenuação do local apresentados em C63.4-1988, exceto que os factores de antena não são subtraídos.

A varredura da altura do fio de rádio de aceitação h2 é uma necessidade útil que elimina a afetação de estimativas a nulos. (Uma taxa de progresso espacial extensa para o campo no distrito de um inválido pode provocar deslizes de estimativa expansivos a partir de pequenos erros na localização do fio de receção). As estaturas fixas dos aparelhos de receção podem ser utilizadas para geometrias e frequências onde faltam nulos. Para as medições de calibração de antenas, recomenda-se a utilização de divisórias de fio de receção de 10 m e 30 m.

Procedimentos de medição

Dois dos procedimentos de medição que são utilizados para determinar a atenuação do local são o sistema de recorrência discreta e a estratégia de recorrência livre. O método discreto requer um gerador de sinais e um medidor de ruído de rádio ou um analisador de espetro e pode ser utilizado com antenas de banda larga ou sintonizáveis. O método varrido requer um gerador de rastreio e um analisador automático de espetro, ou outro equipamento de medição automática, e só pode ser utilizado com antenas de banda larga.

Método da frequência discreta

Neste método, as frequências específicas são medidas desta forma. Em cada recorrência, o fio de receção obtido é examinado sobre o alcance da estatura dado na tabela de ajuste para aumentar o sinal obtido. Estas qualidades de parâmetros deliberados são incorporadas nas Eqs 5, 6 e 7 para obter os factores de antena medidos. Consulte a Fig. 1.2 para ver a geometria da medição.

Procedimento

1) Deixar o gerador de sinais e o instrumento de medição aquecerem.

2) À distância e frequência seleccionadas, ligar as antenas e ajustar a altura da antena recetora para obter o máximo sinal recebido. Ajustar o atenuador de substituição para obter a indicação de referência no instrumento de medição. Registar estes dados.

3) Desligar os cabos das antenas e ligar os cabos diretamente uns aos outros. Regular o atenuador de substituição de modo a obter a mesma indicação de referência que no passo (2) e registar os dados.

4) Determinar a diferença de atenuação subtraindo a "atenuação para o modo antena a antena" no passo (2) da "atenuação para o modo de ligação direta" no passo (3) e registar.

5) Alterar a frequência e repetir os passos (2)-(4).

6) Depois de todas as frequências serem utilizadas, os passos (2)-(4) são repetidos duas vezes, uma vez para cada um dos restantes pares de antenas.

7) No Apêndice B são apresentadas fichas de trabalho convenientes para efetuar os cálculos necessários.

NOTA - O atenuador de saída do gerador de sinais pode ser utilizado em vez de um atenuador de substituição externo no trajeto entre o gerador e a antena de transmissão.

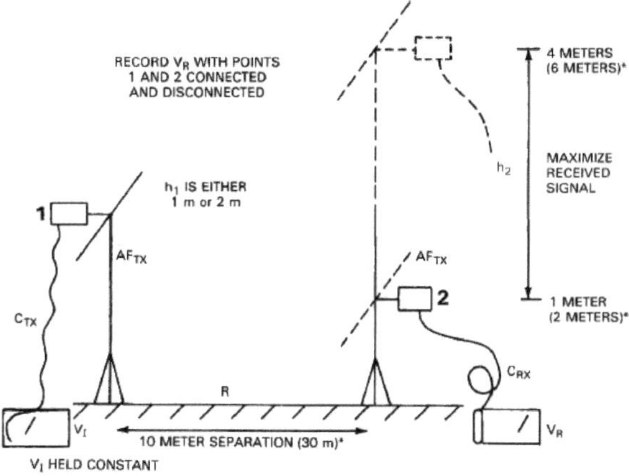

Fig2: - Atenuação no local (Polarização horizontal)

Método da frequência de varrimento

Neste sistema, as estimativas utilizando fios de rádio de banda larga podem ser feitas utilizando equipamentos de medição programados que têm uma retenção superior (retenção mais extrema), capacidade de armazenamento e um gerador. Nesta estratégia, tanto a estatura do aparelho de receção como a recorrência são examinadas ou apuradas nos alcances necessários.

NOTA - O equipamento de medição automática pode ser controlado por computador.

Procedimento

1) Deixar o gerador de sinais e o instrumento de medição aquecer e assentar.
2) Elevar o fio de aceitação do rádio no poste até à estatura mais extrema da faixa de varrimento.
3) Regular o instrumento para limpar o intervalo de recorrência desejado. Certifique-se de que o instrumento está equilibrado de modo a que um sinal comparativo até 60 dB mais elevado possa ser apresentado na mesma escala de suficiência. Isto será adequado ao nível a ser registado no passo (5).
4) Baixar lentamente o fio de rádio até à altura da base da gama de saída para a geometria do local de instalação. Guardar ou registar o valor mais extremo da

tensão de saída do local V em dB (mV) (o tempo necessário para baixar o fio de rádio deve ser superior ao tempo de alcance do aparelho).

5) Desligar os cabos das antenas e voltar a ligar os cabos de transmissão e receção com um conetor de passagem direta. Guarde ou registe a apresentação subsequente da tensão V direta em dB (mV).
6) Em cada repetição, subtrair a tensão medida no passo (4) da tensão medida no passo (5). O resultado é o enfraquecimento deliberado do local no âmbito das frequências utilizadas, que deve ser eliminado.
7) Repetir os passos (2) a (6) para cada par de antenas

Método da antena de referência

A estratégia do aparelho de receção de referência fornece uma técnica para o alinhamento do fio de rádio à luz da utilização de um dipolo com um balun muito coordenado. Isto permite obter um fio de rádio cujo exemplo de adição e elementos do aparelho de receção estão próximos dos previstos em princípio.

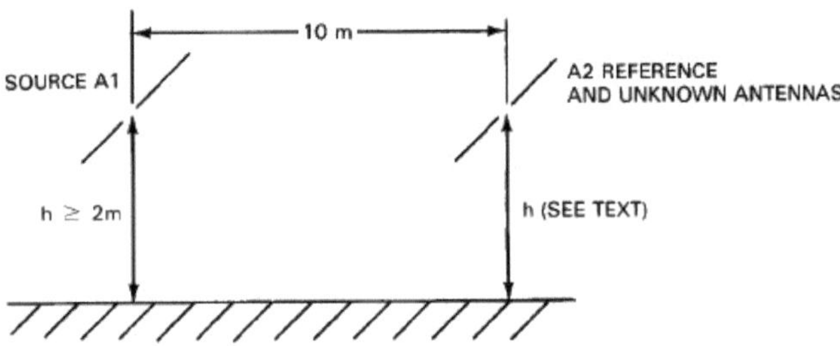

Fig3:- Geometria para calibrar a antena em relação ao método da antena de referência

Calibração de outras antenas utilizando a antena dipolo de referência

A variável do fio de receção de qualquer outro fio de rádio pode ser determinada por substituição com o aparelho de receção dipolo de referência. Deve ser utilizada a geometria indicada na figura 1.3. A separação de 10 m é utilizada para eliminar qualquer acoplamento entre o aparelho de receção e o fio de rádio. O fio de rádio A1 pode ser qualquer tipo de antena, incluindo a antena de referência. O seu objetivo é gerar um campo para medição em A2. Colocá-lo a pelo menos 2 m de altura6 e accioná-lo com um gerador de sinais. Para ajustar o aparelho de receção obscuro em relação ao fio de receção dipolo de referência, medir primeiro a qualidade do sinal com o fio de rádio de referência em A2. O aparelho de receção deve estar situado entre 21/2 m e 4 m acima do solo. Não é importante posicionar a antena para um sinal máximo, mas é importante evitar a região em torno de um nulo, onde as leituras estarão a mudar rapidamente com a posição da antena. Encontrar uma posição no intervalo 21/2 m -4 m onde a amplitude do sinal seja máxima ou varie lentamente com a altura. Depois de anotada a intensidade do sinal com a antena dipolo de referência, o fio de rádio a ser ajustado deve ser substituído pelo dipolo de referência, mantendo a antena a ser calibrada exatamente na mesma altura e posição que o dipolo de referência. (A razão entre as duas medições da intensidade do campo gerado é a diferença (em dB) nos componentes do fio de rádio entre o aparelho de receção de referência e a antena desconhecida. Se for medido um sinal inferior com a antena desconhecida, a diferença (em dB) deve ser adicionada à componente do fio de rádio do fio de receção de referência para obter o elemento do aparelho de receção do aparelho de receção obscuro. Se o sinal medido com o aparelho recetor desconhecido for superior ao deliberado com o componente do fio de receção do aparelho recetor de referência, a diferença deve ser subtraída da variável da antena do aparelho recetor de referência para obter o componente do fio de receção do fio recetor obscuro. Os intervalos de frequência recomendados são 5 MHz abaixo de 50 MHz, 10 MHz entre 50 MHz e 100 MHz, 25 MHz de 100 MHz a 200 MHz, 50 MHz de 200 MHz a 300 MHz e 100 MHz de 300 MHz a 1000 MHz.

CAPÍTULO 2-CONCEPÇÃO E ANÁLISE DE LPDA UTILIZANDO HFSS

Projeto e análise de LPDA usando HFSS

A LPDA também utiliza elementos lineares, como a antena Yagi Uda. Na gama de frequências superiores, os elementos de varas ou tubos são feitos de alumínio e a antena roda da mesma forma que a Yagi. No entanto, todo o conjunto de dimensões da LPDA pode ser calculado utilizando um conjunto de equações de engenharia precisas. A introdução da modelação computacional das LPDAs permite-nos analisar sistematicamente a conceção das LPDAs, especialmente as versões mais pequenas e mais esparsas susceptíveis de serem consideradas pelos radioamadores. Estes estudos têm duas vantagens:

É possível aumentar os pontos de controlo através de uma frequência que revele comportamentos insuspeitos ao longo do percurso. Deste modo, podemos agora catalogar as principais limitações das LPDAs.

A segunda vantagem é o desenvolvimento de algumas medidas curativas para algumas situações problemáticas das LPDAs. Estas medidas correctivas podem ser aplicadas a modelos individuais em doses que podem diferir de um modelo para outro. A modelização permite uma modificação rápida da conceção da LPDA, com a qual esta pode corresponder melhor às expectativas ou mostrar ao fabricante a razão para uma substituição.

2.1 Abordagem básica das antenas independentes da frequência

O LPDA apresenta propriedades de radiação diferentes a frequências diferentes, quando as suas medições são comunicadas em termos de comprimento de onda, deslocando-se com a recorrência. Um dipolo de um comprimento de onda proporciona uma melhor conceção da radiação em relação a um dipolo de meia onda. As variações nas qualidades de radiação com recorrência podem restringir a velocidade de transferência do fio de rádio. Isto afecta a capacidade de transporte de dados de uma antena. Rumsey foi o primeiro a descobrir o conceito de antena independente da frequência. O princípio de Rumsey afirma que, na hipótese de que a forma do aparelho de receção seja indicada até as bordas, a impedância e as propriedades de exemplo do fio recetor serão recorrência autônoma e a própria antena é infinita. Este princípio sugere que, se uma antena for inteiramente descrita pelos seus ângulos sem especificar as dimensões do seu comprimento caraterístico, as suas propriedades de padrão serão independentes da frequência.

2.2 Antenas especificadas por ângulo

Como sabemos, as antenas são colocadas num ambiente em que outros factores podem influenciar o desempenho de uma antena. De acordo com o princípio de Rumsey, a frequência da antena permaneceria a mesma se as dimensões da antena fossem expressas em comprimento de onda, o que implica que os atributos eléctricos do fio de rádio permanecem os mesmos em cada recorrência. Este é o caminho básico e eficaz para o esboço de fios receptores autónomos de recorrência. O cálculo matemático de um fio de receção determinado por uma aresta é apresentado a seguir, uma vez que ambos os terminais do aparelho de receção estão infinitamente próximos do início de uma estrutura de direção circular.

$$r = F(\ ,\theta\phi\ ) = ea\phi\ f(\ )\theta$$

Aqui $f(\theta)$ é uma função arbitrária.

A antena espiral e a antena espiral cónica são exemplos de antenas que se baseiam nestas equações.

2.3 Configuração auto-complementar

A teoria da antena auto-complementar é também conhecida como "Princípio de Mushiake". As equações que fornecem uma estimativa constante da impedância de informação para aparelhos de receção auto-complementares são chamadas de "Relação Mushiake". A declaração matemática para o aparelho de receção planar autocomplementar mais simples por dois terminais é dada a seguir

$$Z = Z0/2 = 188{,}4\Omega \text{ [Relação Mushiake]}$$

Em que Z = impedância de entrada e

Z0 = impedância intrínseca do meio.

Os receptores de configuração auto-complementar têm uma impedância de contribuição estável. Estes tipos de antenas são independentes da taxa de base e da Fig. da antena. As antenas que se baseiam na configuração auto-complementar são a antena retangular e a antena espiral, como se mostra na Fig. 4.2 (a e b).

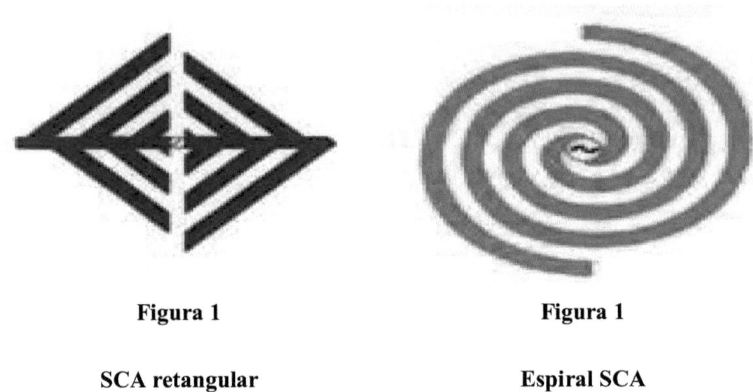

Figura 1 **Figura 1**

SCA retangular **Espiral SCA**

Apesar de as estruturas poderem estender-se até ao infinito, a figura mostra apenas uma parte finita perto do ponto de alimentação da antena.

2.4 Antenas periódicas lógicas

O LPA foi o primeiro fio de rádio sem recorrência que, imediatamente após a sua origem, teve um efeito tremendo nas aplicações comerciais e de construção em todo o mundo. Um fio de receção log-intermitente é descrito como um fio de rádio cujas propriedades eléctricas se alteram com o logaritmo da repetição. Uma operação de várias décadas pode ser eficaz se o conjunto mecânico de recolha for representado como uma estrutura cujas propriedades eléctricas se alteram de tempos a tempos com o logaritmo da recorrência. Para criar a execução requerida, devem ser ligadas ligações científicas comparativas aos parâmetros auxiliares do aparelho de receção. A antena tem um aumento sensível, um eixo fino e uma resistência de informação consistente numa ampla capacidade de transmissão de impedância. Este tipo de fio de rádio pode ser utilizado como parte de uma variedade de utilizações, por exemplo, encorajar aparelhos de receção de reflectores, lentes e reconhecimento de sinais.

A Antena Periódica Logarítmica pertence à categoria de antena independente de frequência devido ao facto de as suas formas inteiras não poderem ser indicadas de forma singular pelos pontos na estrutura de direção circular. Na LPDA, o ajuste na execução pode se tornar enorme se um componente da estrutura se refizer com uma periodicidade logarítmica permitindo as pequenas variedades. Uma vez que o fio de rádio tem um comprimento limitado, os atributos de radiação diferem significativamente abaixo do limite inferior de recorrência.

2.5 Antena planar com dentes periódicos lógicos

A Fig.4.3. (a) apresenta uma amostra típica de um fio de receção intermitente de toro dentado plano. O objetivo desta antena de conceção é satisfazer determinadas especificações de conceção. A geometria da TLPA plana sem substrato é apresentada na Fig.-4.3 (b).

Utilizando a ideia de borda, se um dente tem uma largura W0, o seguinte menor tem □1W0 largura, o terceiro é 2W0, desta forma em diante. se a largura do melhor dente for W1, que é cerca de um quarto de comprimento de onda identificando-se com o limite inferior de repetição. Nessa altura, a largura do enésimo dente, Wn

$$W n = w1\tau\ n \quad (4.2.1\text{-}1)$$

Ondeτ = relação entre a largura do (n+1)º dente e a largura do n-ésimo dente.

Considerando o logaritmo para ambos os lados de (4.2.1-1), a equação será:

$$\log W n = \log W1 + n \log\tau \quad (4.2.1\text{-}2)$$

Para um dado cabo de receção, o log W1 e o log são constantes. Posteriormente, o logaritmo de Wn aumenta em passos proporcionais a n. Ou seja, log Wn aumenta por vezes; por isso é designado por "log descontínuo". Recomenda-se também que quaisquer que sejam as propriedades eléctricas que o fio recetor possa ter numa repetição f0, serão reiteradas em todas as frequências dadas por. O LPTPA tem uma disposição auto-integral que junta a periodicidade com a ideia de ponto. Isto resulta numa impedância de dados constante de cerca de 60 ohms, que se auto-regula em frequências dentro do intervalo de operação, apenas por configuração física.

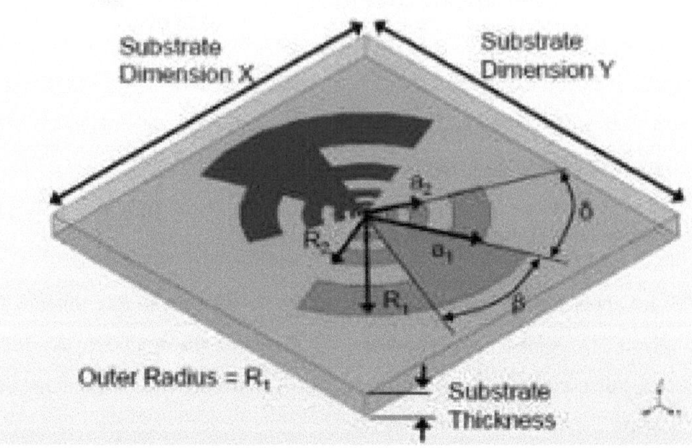

Fig2:- Geometria da Antena Periódica Log Denteada Planar usando substrato.

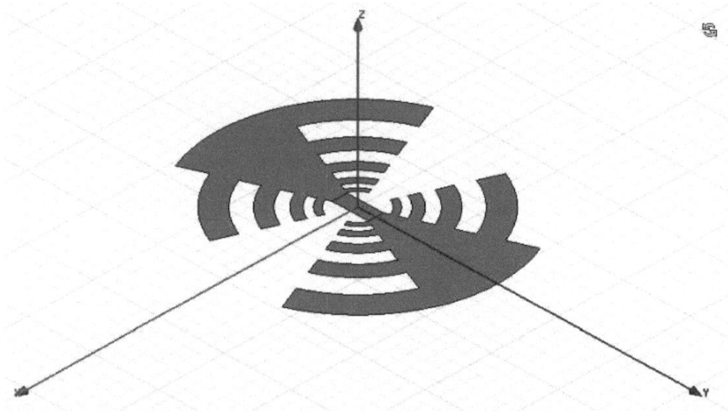

Fig3:- Geometria da Antena Periódica Log Denteada Planar sem substrato.

Configuração do MSA periódico logarítmico moldado em H de cinco elementos:-

O MSA intermitente de registo de cinco componentes destina-se a alterar ainda mais a capacidade de transferência de dados do MSA. O arranjo alimentar foi utilizado no MSA. Os parâmetros do plano do MSA ocasional de registo para cinco frequências de ressonância distintas indicadas na Tabela 1 são calculados utilizando o modelo de linha de transmissão e um fator de escala constante. As linhas de derivação são dimensionadas como transformadores de um quarto de onda entre o componente do aparelho de receção adequado e a linha de alimentação fundamental de 50 Ω. As posições das linhas de derivação são resolvidas de forma a que a separação para a extremidade aberta seja quadrada por um número inteiro de comprimentos de onda parciais na recorrência completa adequada. As posições das linhas de ramificação são resolvidas de modo que a separação para a extremidade aberta aumente para um número inteiro de meio comprimento de onda na recorrência retumbante particular. Esta configuração tem em conta o facto de a impedância de informação de um componente específico do trovão se ter transformado em 50 ohm, enquanto a impedância de dados de diferentes componentes e o circuito aberto na extremidade de alimentação devem ser transformados em alta impedância e, consequentemente, praticamente não mostrariam qualquer amontoado para a linha principal. As medições espaciais em cada retângulo e o comprimento do ramal são simplificados. Ao longo destas linhas, as medições do aparelho de receção de microfitas intermitentes de registo cujas medições do comprimento do remendo (L), largura (W) e separação divisória (d) são identificadas com o elemento ζ como tomadas após:

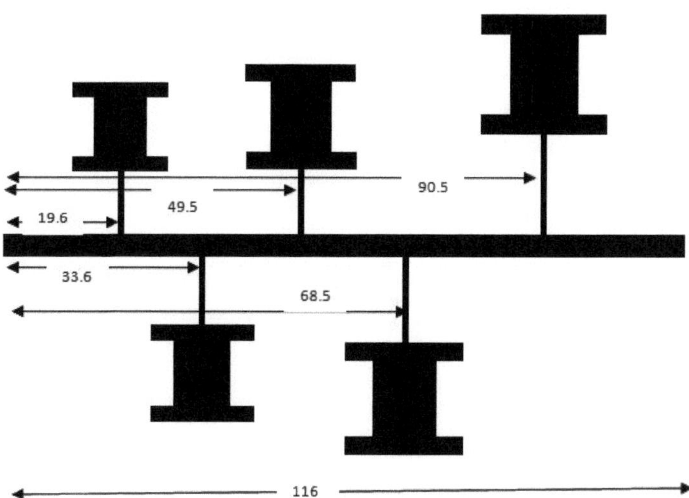

Patch em forma de H usando antena de patch de microfita: - A necessidade de receber fios para cobrir uma ampla transmissão de dados é de grande importância, especialmente no campo da batalha eletrônica e radar de banda larga e estrutura de medição. Apesar do fato de que os aparelhos de receção de patches de microfita têm vários elementos extremamente atraentes, eles, em sua maior parte, experimentam os efeitos nocivos da transmissão de dados restrita. Portanto, o fardo mais vital do aparelho de receção do ressonador de microfita é sua velocidade de transferência limitada. Para superar este problema sem agravar a sua posição mais favorável, vários sistemas e estruturas têm sido investigados até à data. Desta forma, podemos especificar estruturas multicamadas, dipolos expansivos de nível colapsado, fios de rádio de linha e enrolamento dobrados, aparelhos de receção de ressonador coordenado por impedância, fios de receção de ressonador com componente de remendo parasita acoplado capacitivo, estruturas ocasionais de log, aparelhos de receção de remendo moldado alterado (H-formado). No presente documento, o aparelho de receção de patches de microfita moldado em H foi dividido e contrastado com o fio de receção de patch retangular. O fio de rádio de patch moldado em H tem um tamanho de cerca de um pouco do fio de receção de patch retangular com maior velocidade de troca. A maior velocidade de troca é uma consequência imediata de uma redução na variável de qualidade (Q) do ressonador de remendo, que é um resultado direto de menos essencial ser assegurado sob o remendo. Considere-se a figura 1, que mostra um dispositivo de captação de microfitas rectangulares de comprimento L e largura W sobre um substrato de estatura h. A curva de coordenadas é escolhida de modo a que o comprimento se situe ao longo da direção x, a largura ao longo da direção y e a altura ao longo da direção z.

2.6Projeto de antena periódica logarítmica

(a) Projeto de uma Antena Planar Periódica Logarítmica

Definição do problema

Esta tese baseia-se no projeto de LPDA no âmbito de recorrência de 1-5 Ghz. As especificações de projeto que o acompanham são tidas em consideração:

- **Solução Frequência a 5 GHz**
- **Impedância da porta = 50 ohm**
- **Substrato**

-εr =2,2

-Espessura =0,16 cm

Parâmetros	Dimensões
Largura do substrato (W)	12 cm
Comprimento do substrato (L)	12 cm
Raio exterior (R1)	5,239 cm
Tau (τ)	0.65
Sigma (σ)	0.81
Largura da abertura do porto	1,31 cm
Ângulo β	45 graus
Ângulo δ	45 graus

Antena periódica logarítmica - dentada

- Abrir o HFSS e criar um novo projeto
- Inserir o projeto HFSS utilizando o menu **Project->Insert HFSS design**
- Seleccione o menu HFSS->Solution Type e defina o tipo de arranjo como "Driven Termina Seleccione **Modeler->Units->cm**
- Seleccione **Modelador->Sistema de coordenadas->Criar->Relativo CS->Rotado** e introduza os valores como se segue no fundo da janela Progresso
- Definir o sistema de tipo **Cilíndrico**

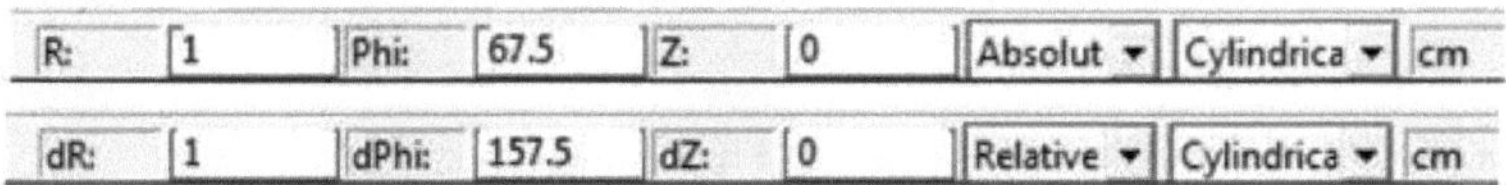

Fig:-4.4.1

- Agora defina o sistema Global e crie outro sistema de coordenadas cilíndricas como acima com os seguintes valores

-R : 1 ; **Phi** : 112.5 ; **Z** : 0

-dR : 1 ; **dPhi** : 22.5 ; **dZ** : 0

- Definir o sistema de coordenadas global como predefinição

Agora, desenhe->Círculo e crie um círculo com um raio de **5,239 cm** da seguinte forma

-Posição:- X : 0 , Y: 0, Z: 0

-Raio: 5,239 cm **Eixo:** Z

- Seleccione **Circle1** e use Modeler->Boolean->Split e na janela de divisão seleccione como na **Fig:-4.4.2**

Plano de divisão: XZ

Guardar fragmentos: Lado positivo

Dividir objectos: Dividir toda a seleção

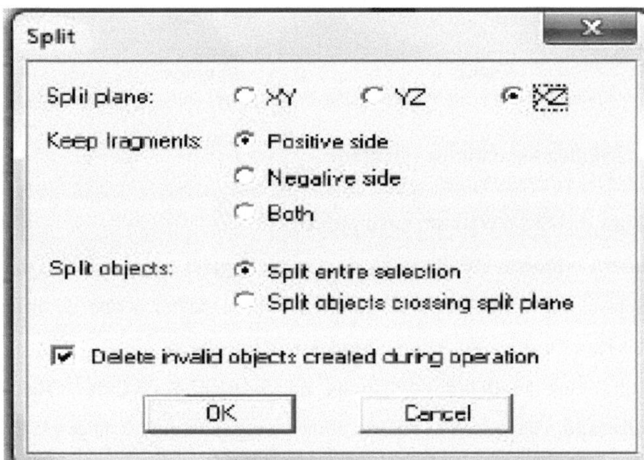

Fig:-4.

- O objeto será apresentado como na **Fig:- 4.**
- Copie o objeto **Círculo1** utilizando a opção Ctrl+c e cole-o utilizando a opção Ctrl+v e é criado um novo objeto **Círculo2**.
- Edite as propriedades de **Circle2** alterando o valor do raio para **5,239*0,81**
- Copie e cole novamente **Circle1** e altere o valor do raio de
- **Círculo3** a **5,239*0,65.**

- Copie e cole **o Círculo3** para criar **o Círculo4** e **o Círculo5** e altere o raio para **5,239*0,65*0,81** e **5,239*(0,65)^** respetivamente
- Copie e cole **o Círculo5** para criar **o Círculo6** e **o Círculo7** e altere os valores do raio para **5,239*(0,65)^2 *0,81** e **5,239*(0,65)^3**, respetivamente.
- Da mesma forma, crie **o Círculo8** e o **Círculo9** utilizando o **Círculo7** e os valores do raio para **5,239*(0,65)^3*0,81** e **5,239*(0,65)^4**
- Crie **o Círculo10** a partir do **Círculo9** e altere o valor para **5,239*(0,65)^4*0,81**

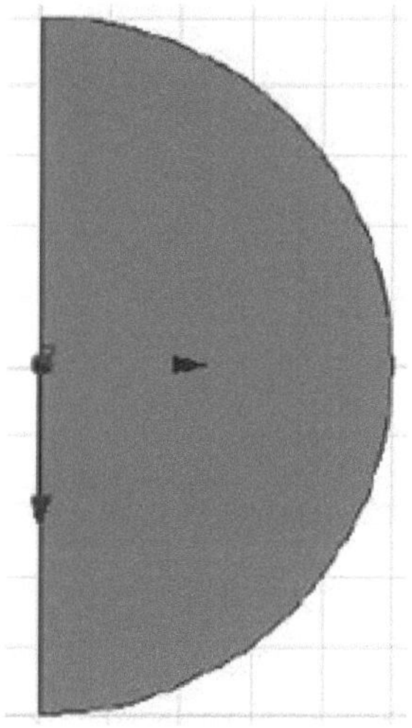

Fig:- 5

- Como na **Fig:- 5**, o objeto final será apresentado na janela GUI
- Seleccione **Círculo1** e **Círculo2** e utilize o menu

Modeler->Boolean->Subtract e selecionar a opção **Clone tool objects before operation** como na **Fig:- 6**

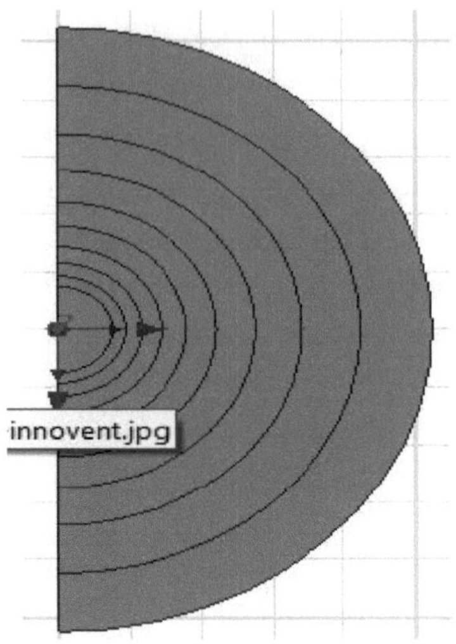

Fig:-6

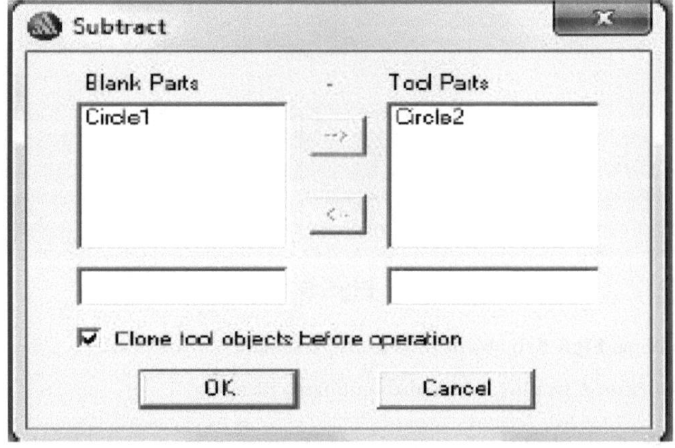

Fig:-7

- Efetuar a operação **Booleano->Subtrair** para as seguintes geometrias, como abaixo indicado. Note que a opção **Clonar objectos da ferramenta antes da operação** está sempre marcada para as operações abaixo

-Círculo2 **e Círculo3**

-Círculo3 e **Círculo4**

-Círculo 4 e **Círculo 5**

-Círculo6 e **Círculo7**

-Círculo7 e **Círculo8**

-Círculo8 e **Círculo9**

- Fazer a operação **Boolean->Subtract** para **Circle9** & **Circle10** mas **desmarcar** a opção **Clone tool objects antes da operação** como na **Fig:- 6**
- Todas as geometrias são separadas e são apresentadas como na Fig:-7

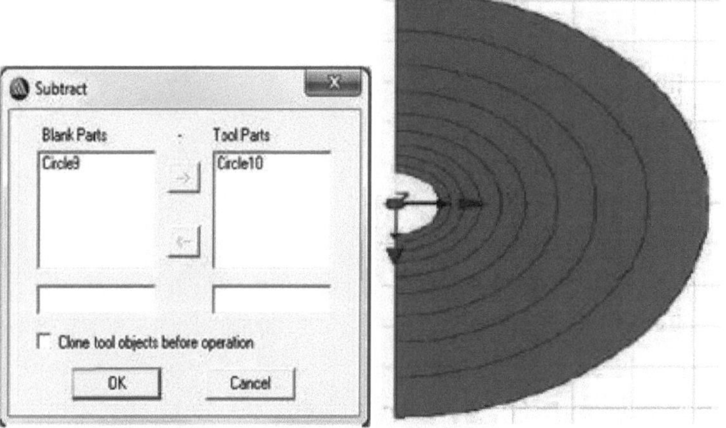

Fig:- 8 **Fig:- 8**

- Selecionar o sistema de coordenadas **RelativeCS2** usando **Modeler->Coordinate system->Set Working CS...** como na **Fig:- 8**
- Selecionar **Círculo1, Círculo3, Círculo5, Círculo7 e Círculo9** como na **Fig:-9** e utilizar **Modelador->Boolean->Dividir** e selecionar **Dividir plano XZ como** na **Fig:-10.**

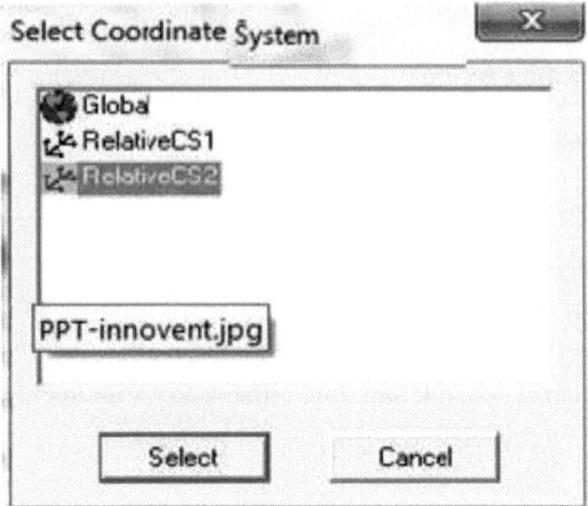
Select Coordinate System
Global
RelativeCS1
RelativeCS2
PPT-innovent.jpg
Select
Cancel

Fig:- 9

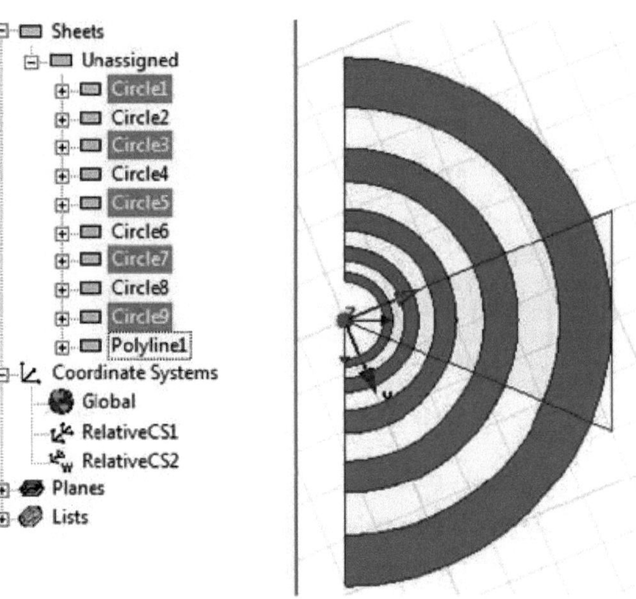
Sheets
Unassigned
Circle1
Circle2
Circle3
Circle4
Circle5
Circle6
Circle7
Circle8
Circle9
Polyline1
Coordinate Systems
Global
RelativeCS1
RelativeCS2
Planes
Lists

Fig:-10

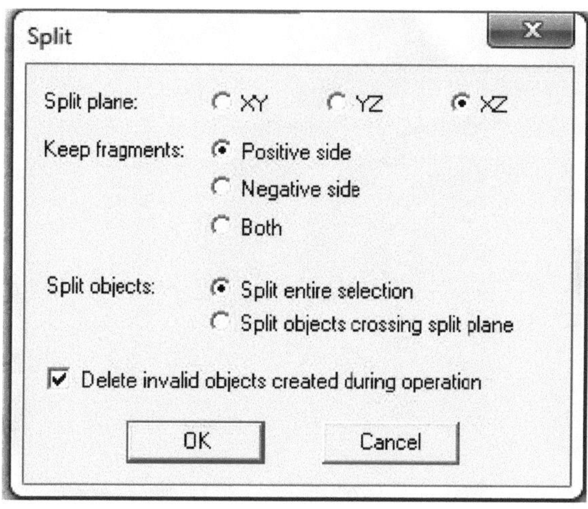

Fig:- 11

- A geometria será apresentada como na **Fig:- 11**
- Agora defina o sistema de coordenadas, nomeadamente **RelativeCS1**, utilizando **Modeler->Coordinate system->Set Working CS**
- Agora seleccione **Circle2, Circle4, Circle6 & Circle8** e use a opção **Modeler->Boolean->Split** e seleccione **Split Plane XZ** como na **Fig:- 12**
- A geometria final será apresentada como na **Fig:- 13**

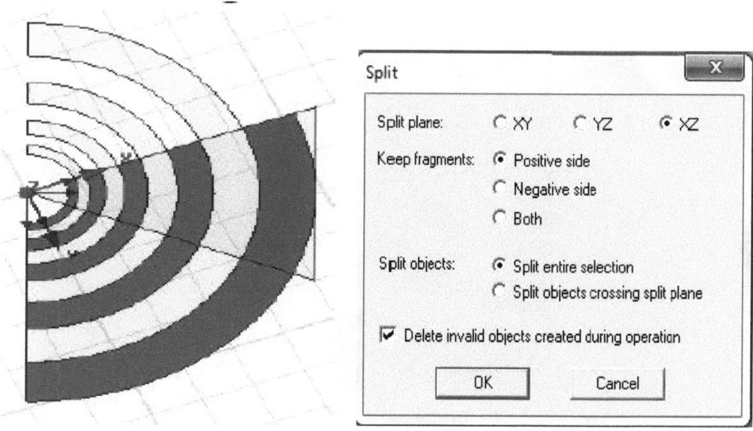

Fig:-4.4.11 Fig:-4.4.12

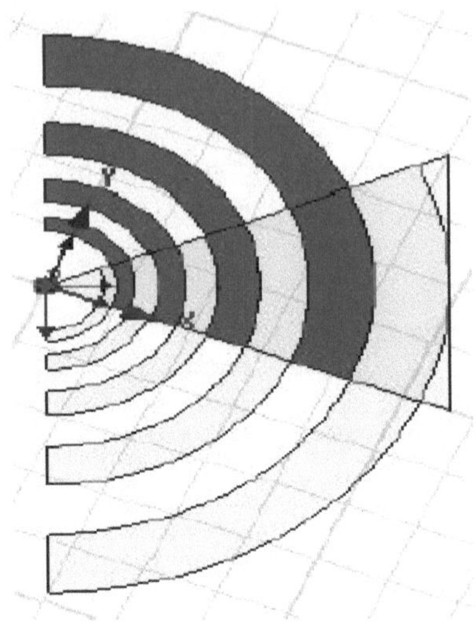

Fig:-13

- Definir o sistema de coordenadas **RelativeCS1** e **Draw->Line** nomeadamente **Polyline2** com vértices como

  -Ponto-1 - **X: 0, Y: 0, Z: 0**

  -Ponto-2 - **X: 5.239, Y: 0, Z: 0**

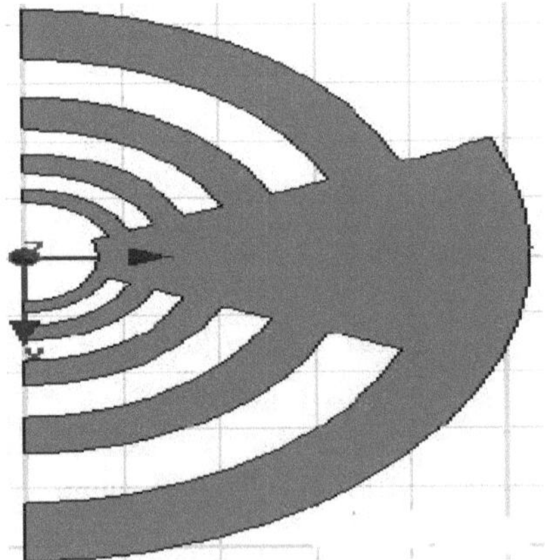

Fig:-14

- Usar **a** opção **Ctrl+A** para selecionar todas as geometrias e selecionar **Modeler->Boolean->Unite** para criar uma geometria de união como na **Fig:-14** e usar a opção **Ctrl+H** para a esconder
- Definir o sistema de coordenadas **RelativeCS2** e **Draw->Line** nomeadamente **Polyline1** com vértices como

  -Ponto-1 - **X: 0, Y: 0, Z: 0**

  -Ponto-2 - **X: 5.239, Y: 0, Z: 0**
- Definir o sistema de coordenadas **RelativeCS1** e **Draw->Line** nomeadamente **Polyline2** com vértices como

  -Ponto-1 - **X: 0, Y: 0, Z: 0**

  -Ponto-2 - **X: 5.239, Y: 0, Z: 0**
- Selecionar o sistema de coordenadas **global** e **Draw->Arc->3 Point-Arc** namely **Polyline3** e selecionar o vértice como na **Fig:- 15(a)** e desenhar o arco como em **a, b & c**

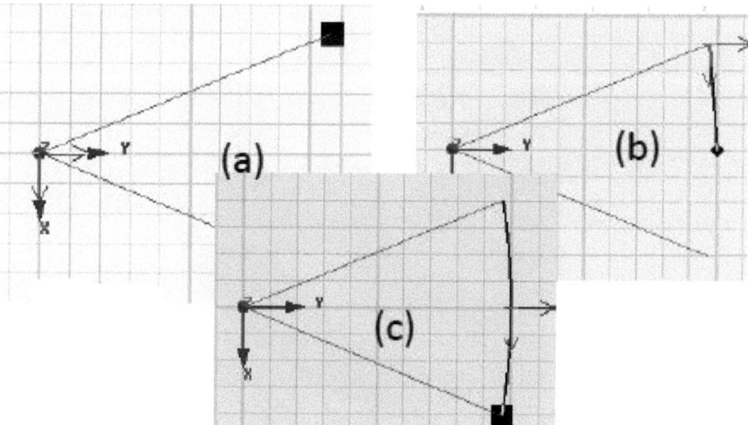

Fig:-4.4.15

- Altere as propriedades de **Polyline3** definindo o valor de Point2 como

  -X: **0 , Y: 5,239, Z: 0**

- Selecionar **Polyline1, Polyline2 & Polyline3** e uni-las usando **Modeler->Boolean->unite** e sem anular a seleção, usar **Modeler->Surface->Cover Lines** para criar uma geometria de superfície
- Seleccione Menu **View->Visibility->Show All->All Views** para mostrar as geometrias
- Utilize **Ctrl+A** para selecionar todas as geometrias e seleccione Modeler->Boolean->unite para as unir e designar a nova geometria como **Arm1**
- Definir o sistema de coordenadas **RelativeCS1** e selecionar **Arm1** e usar **Modeler->Boolean->Split** e selecionar o **plano de divisão: YZ** e Manter Fragmentos: **lado positivo**
- Agora defina o sistema de coordenadas **RelativeCS2** e seleccione **Arm1** e use **Modeler->Boolean->Split** e seleccione o **plano de divisão: YZ** e Manter Fragmentos: **lado positivo.**
- A geometria final tem o seguinte aspeto: **Fig:- 16**

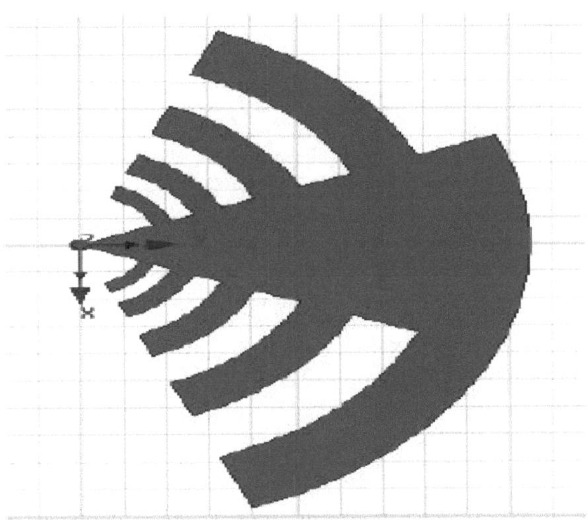

Fig:- 4.4.16

- Criar um **intervalo de porta, Draw->Rectangle-** com o nome **Port_gap** com valores como
    - **X: -1.31*tan(22.5*pi/180)/2 ; Y: -1.31/2 ; Z: 0**
- Tamanho X: 1,31*tan(22,5*pi/180); Tamanho Y: 1,31; Eixo: Z

- Selecione **Arm1** & **Port_gap** e use **Modeler->Boolean->Subtract** e marque a opção **Clone Tool objects antes da operação**
- Agora selecionar **Braço1** e **Editar->Duplicar->Eixo envolvente** e introduzir o valor do ângulo de **180 graus** e o número total: 2 como na **Fig:- 17** e nomear a geometria duplicada como **Braço2** e terá o aspeto da **Fig:- 18**

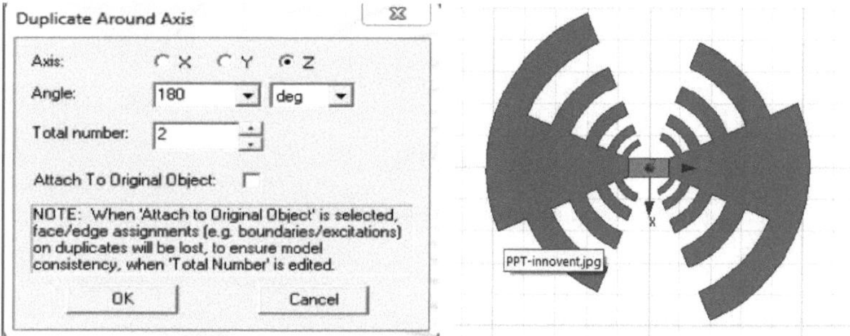

Fig:- 17 Fig:- 18

- Seleccione **o Braço1** e atribua-lhe o limite **PerfE->PerfE** e, de forma semelhante, atribua também o limite **PerfE** ao **Braço2**
- Seleccione Port_gap e atribua-lhe a porta Excitation->Lumped e seleccione agora o braço2 como condutor de referência, como na **Fig:- 4.4.19**
- Definir o valor da Impedância de Renormalização do Terminal como **188,5 ohm**
- Criar **Substrate -Draw->Box** com o nome **Substrate** com valores como
- Posição: **X : -6; Y: -6; Z: 0**
- **Tamanho X: 12; Tamanho Y: 12; Tamanho Z: -0,16**
- Selecionar o substrato e atribuir-lhe o material **Rogers RT duroid 5880**
- Desenhar->Região e selecionar Preencher todas as direcções de forma semelhante e definir o tipo de preenchimento como Deslocamento absoluto e o valor é 6 cm.
- Seleccione Região e Atribuir limite->Radiação a essa região.

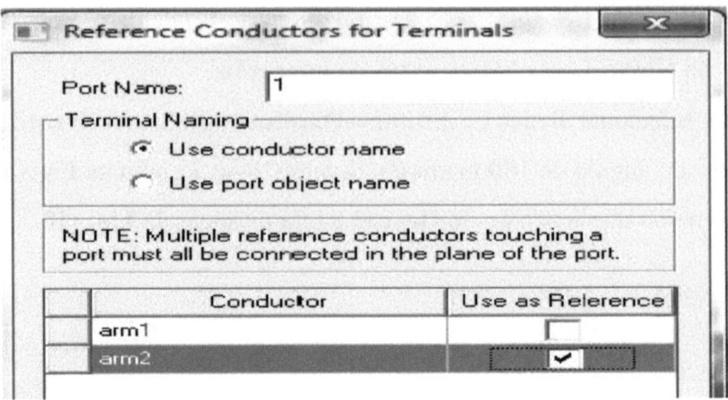

Fig:- 19.

- Seleccione **HFSS->Analysis Setup->Add Solution Setup** e introduza os valores como

  -Freq. de solução: 5 GHz

  -Máx. Número máximo de passes: 20

  -Max. Delta S: 0,02

- Seleccione **HFSS->Analysis Setup->Add Frequency Sweep**

  -Tipo de varrimento: Interpolação

  -Configuração da frequência

- Tipo: Contagem linear
- Início: 1.5GHz Paragem: 6 GHz e contagem: 200

  -Soluções máximas: 50

  -Tolerância de erro: 0.5%

- Seleccione **HFSS->Radiação->Inserir Configuração de Campo Distante->Esfera Infinita**

  -Phi

- Início: 0 graus; Paragem: 360 graus; Passo: 3 graus

  -Theta

- Início: -180 graus; Paragem: 180 graus; Passo: 3 graus
- **HFSS->Verificação de validação**

- **HFSS->Analisar tudo**
- Depois de efectuada a análise, desenhar os resultados
- **HFSS->Results->Create Terminal Solution Data Report->Rotografia retangular**

  -Dados dos parâmetros do gráfico S

- **-HFSS->Resultados->Relatório de Campos Distantes->Plot Polar 3D**

  -Plot Ganho->GanhoTotal>dB

- **HFSS->Resultados->Relatório de Campos Distantes->Padrão de Radiação**

  -Plot Ganho->GanhoTotal>dB para phi=0 graus e phi = 90 graus

(b) Comparação entre a antena trapezoidal dentada e a antena logarítmica periódica

A LPTPA pode ser ligeiramente alterada para se obter uma geometria mais refinada, designada por LPTTA, como se mostra na Fig. 4.5. O LPTTA é adicionalmente determinado pela aresta de uma forma semelhante ao LPTPA descrito na Secção 4.2.1 e é auto-integral. O normal vital para este fio recetor é que ele fala de uma conexão anterior ao avanço do aparelho de receção de dipolo log-intermitente.

No LPTTA, ao torcer os braços triangulares do aparelho de receção para minimizar o ponto entre os dois braços, , é inferior a 180. Deste modo, é possível fabricar um fio de receção em cunha dentada periódica de toro não plano. Além disso, os dentes podem ser reduzidos à espessura de fios, permitindo uma estratégia paralela dos segmentos nas duas meias-estruturas com uma aresta y igual a zero. Isto transformou-se no fio de rádio coplanar de dipolo log-incidental como aparece na Fig 4.3

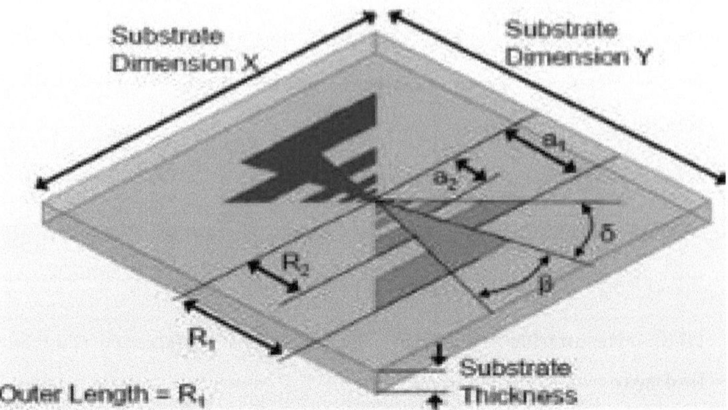

Fig:-20 Geometria da Antena Trapezoidal Dentada Periódica Log com substrato.

Definição do problema

Esta tese baseia-se no projeto de LPDA no âmbito de recorrência de 1-5 GHz. As seguintes especificações de projeto são tidas em consideração:

- Solução Frequência a 5Ghz
- Impedância da porta = 50Ω
- Substrato

ε_r =2,2

Espessura= 0,16 cm

As medidas e os parâmetros da antena periódica trapezoidal logarítmica são apresentados no quadro seguinte:

Parâmetros	Dimensões
Largura do substrato (W)	8,2 cm
Comprimento do substrato (L)	13 cm

Raio exterior (R1)	3,563 cm
Tau (τ)	0.7
Sigma (σ)	0.84
Largura da abertura do porto	0,89 cm
Ângulo β	60 graus
Ângulo δ	30 graus

Antena Periódica Log - Denteada (Trapezoidal)

- Abrir o HFSS e criar um novo projeto
- Inserir o projeto HFSS utilizando o menu **Project->Insert HFSS design**
- Seleccione o menu HFSS->Solution Type e defina o tipo de arranjo como "Driven Terminal Seleccione **Modeler->Units->cm**
- Seleccione **Modelador->Sistema de coordenadas->Criar->Relativo CS-> Rotacionado** e introduza os valores como se segue no fundo da janela Progresso.

- Definir o sistema de tipo **Cilíndrico**

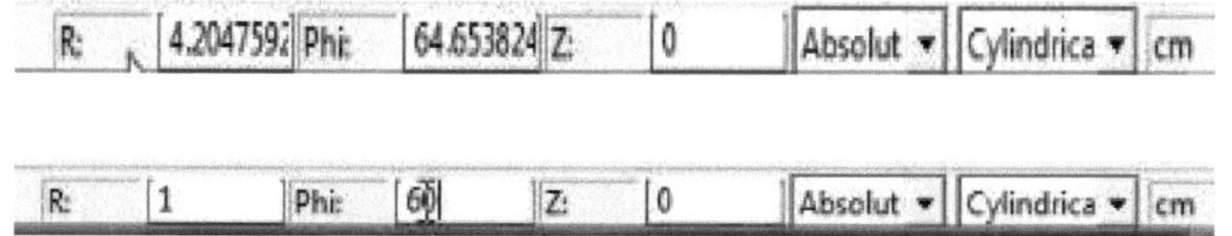

- Agora defina o sistema Global e crie outro sistema de coordenadas cilíndricas como acima com os seguintes valores
- **-dR** : 1.30688 ; **dPhi** : 174.11; **dZ** : 0
- Definir o sistema de coordenadas global como predefinição\

- Seleccione **Modelador->Sistema de coordenadas->Criar->Relativo CS2->Rotado** e introduza os valores como se segue no fundo da janela Progresso

dR:	1.2227546	dPhi:	25.893394	dZ:	0	Relative ▾	Cylindrica ▾	cm

Agora desenhe uma linha com os seguintes valores:

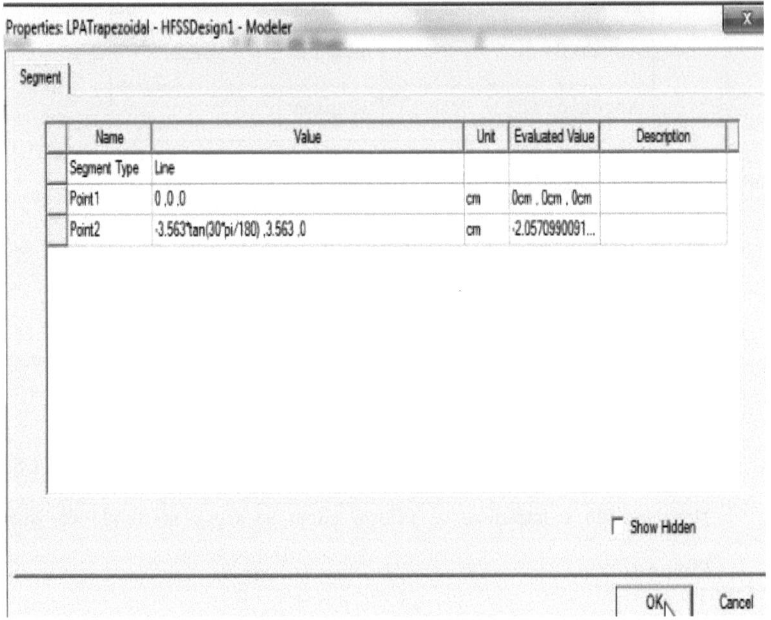
Properties: LPATrapezoidal - HFSSDesign1 - Modeler

Segment

Name	Value	Unit	Evaluated Value	Description
Segment Type	Line			
Point1	0 ,0 ,0	cm	0cm , 0cm , 0cm	
Point2	-3.563*tan(30*pi/180) ,3.563 ,0	cm	-2.0570990091...	

Show Hidden

OK Cancel

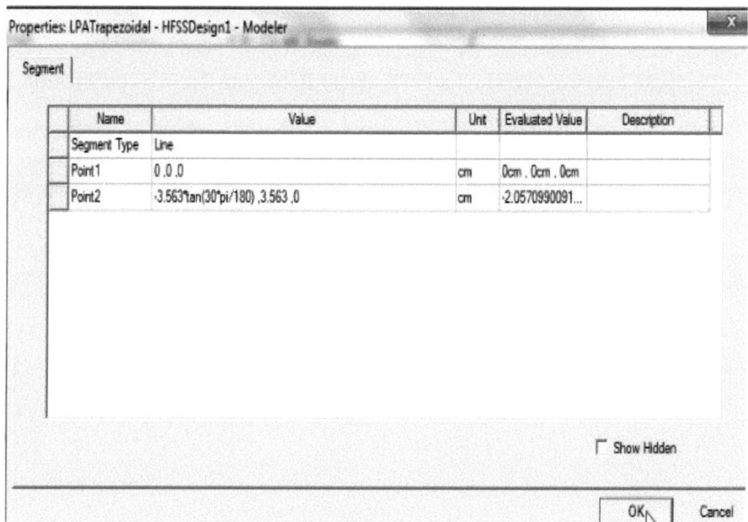

- Agora, desenhe->Retangular da seguinte forma

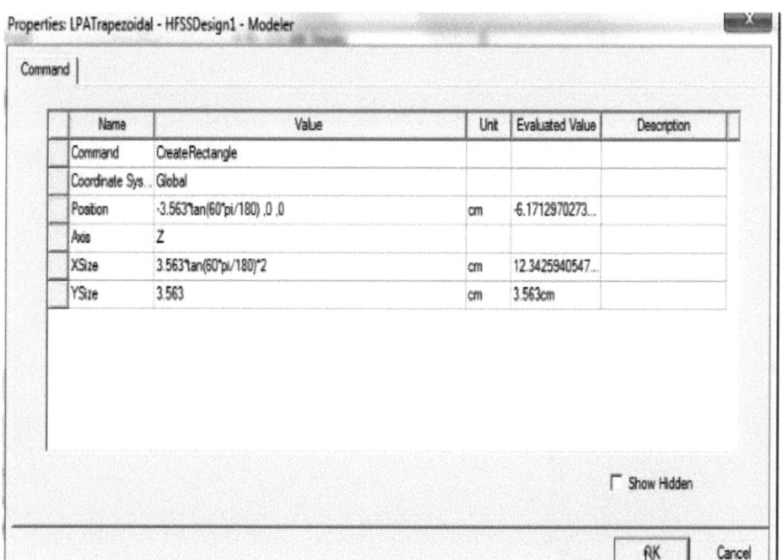

Fig:-21

- O objeto é apresentado como mostra a figura

- Copiar o objeto do **Retângulo-1** utilizando a opção ctrl+c e colá-lo utilizando a opção ctrl+v e é criado um novo objeto Retângulo-2com os parâmetros que o acompanham, tal como aparece na Fig:

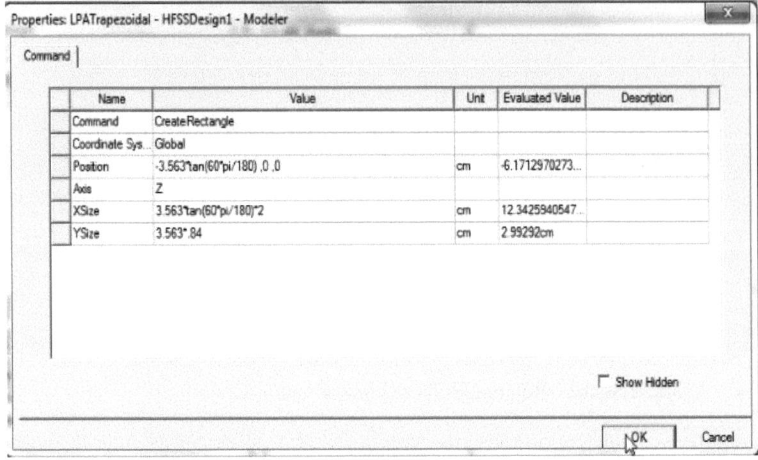

Properties: LPATrapezoidal - HFSSDesign1 - Modeler

Command

Name	Value	Unit	Evaluated Value	Description
Command	CreateRectangle			
Coordinate Sys...	Global			
Position	-3.563*tan(60*pi/180) ,0 ,0	cm	-6.1712970273...	
Axis	Z			
XSize	3.563*tan(60*pi/180)*2	cm	12.3425940547...	
YSize	3.563*.84	cm	2.99292cm	

Show Hidden

OK Cancel

Fig:-22

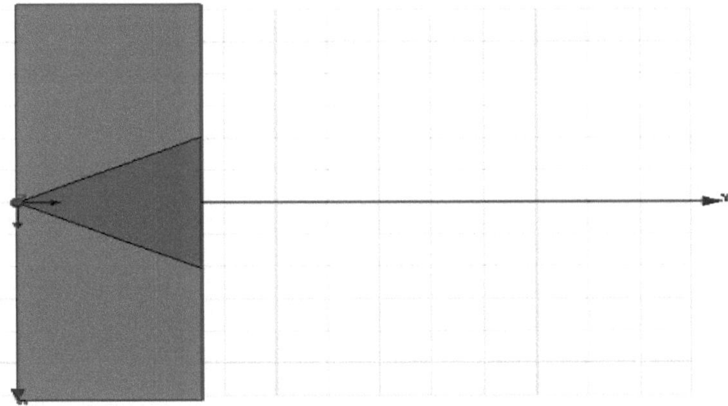

Fig:-23

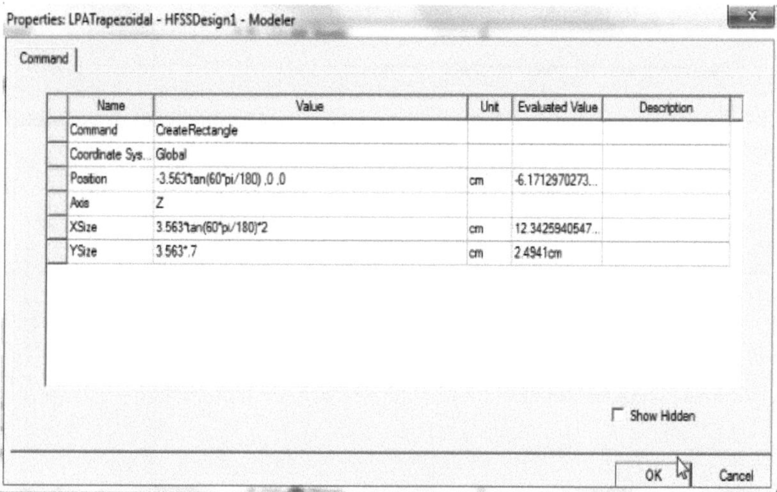

Fig24

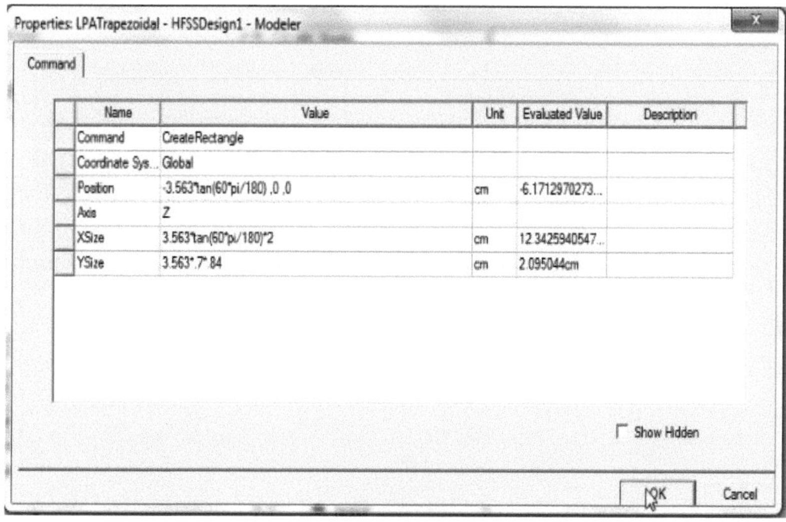

Fig:- 25

- Copiar e colar novamente **o retângulo 1** e criar **o retângulo 3 com** os parâmetros que o acompanham, tal como indicado na figura

- Copiar **o Retângulo- 3** para criar **o Retângulo- 4 com** os parâmetros que o acompanham, tal como aparece na Fig:-
- Copiar novamente **o retângulo 4** para criar **o retângulo 5 com** os parâmetros que o acompanham, tal como indicado na **figura**

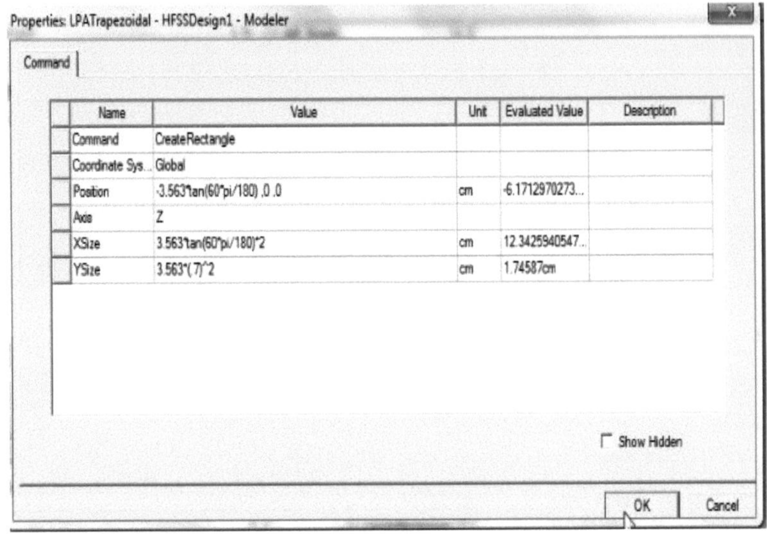

Fig:- 24

- Copiar novamente **o retângulo 5** para criar **o retângulo 6 com** os parâmetros que o acompanham, tal como indicado na **figura**

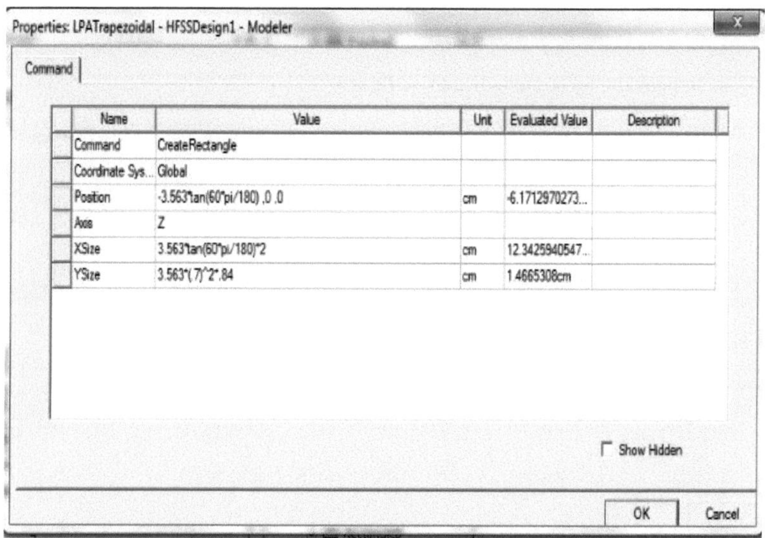

Fig:-26

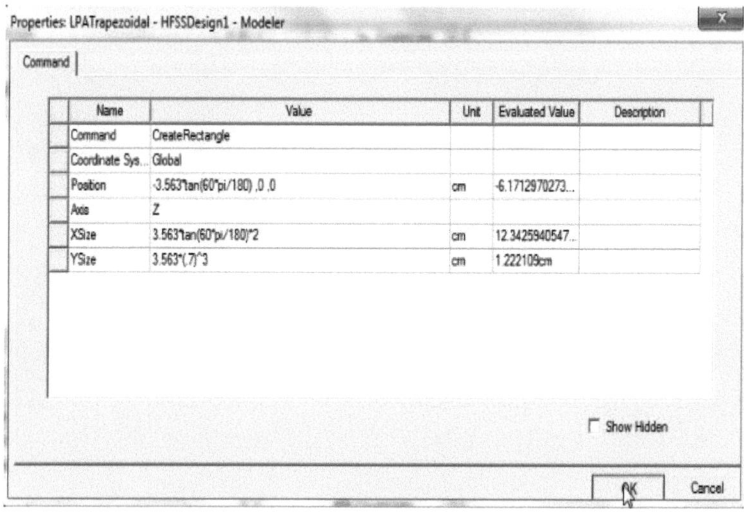

Fig:- 27

- Copiar o retângulo **5** para criar **o retângulo 7 com** os parâmetros que o acompanham, tal como indicado na **figura**

- Copiar **o retângulo 7** para criar **o retângulo 8 com** os parâmetros que o acompanham, tal como indicado na **figura**
- Copiar **o Retângulo-7** para criar **o Retângulo-8 com** os parâmetros que o acompanham, tal como aparece na **Fig:-**

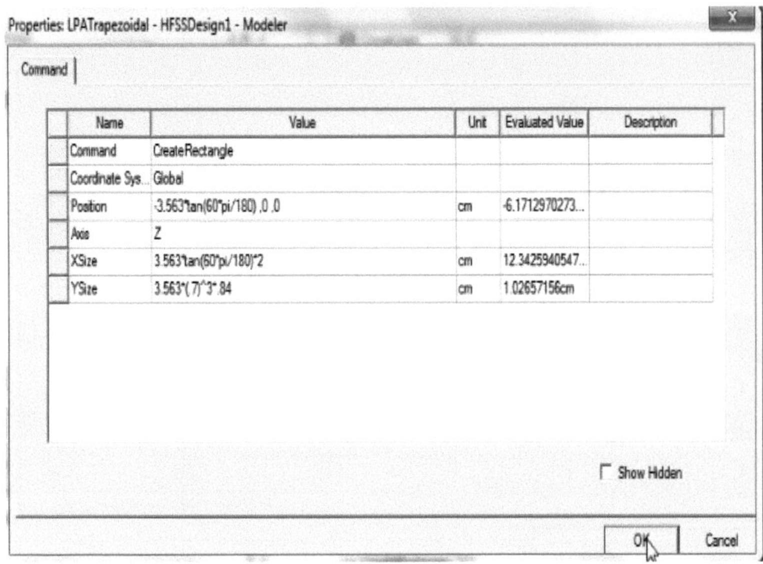
Properties: LPATrapezoidal - HFSSDesign1 - Modeler

Command

Name	Value	Unit	Evaluated Value	Description
Command	CreateRectangle			
Coordinate Sys...	Global			
Position	-3.563*tan(60*pi/180) ,0 ,0	cm	-6.1712970273...	
Axis	Z			
XSize	3.563*tan(60*pi/180)*2	cm	12.3425940547...	
YSize	3.563*(.7)^3*.84	cm	1.02657156cm	

Show Hidden

OK Cancel

Fig:-28

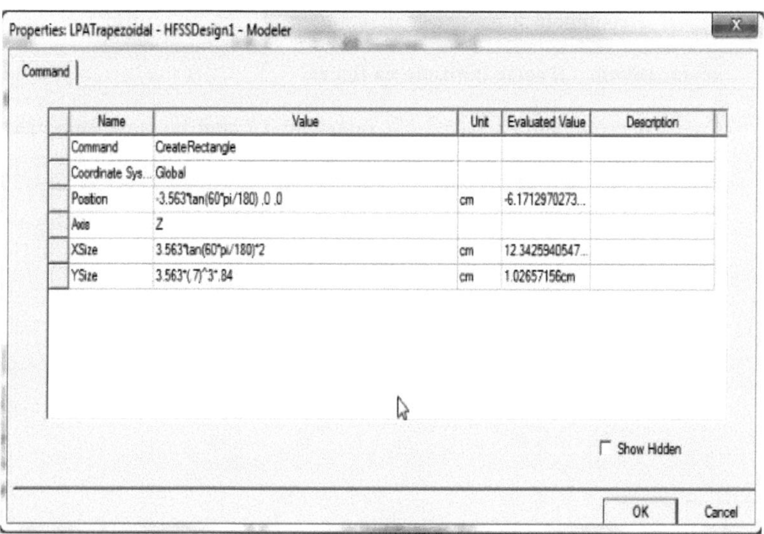

Properties: LPATrapezoidal - HFSSDesign1 - Modeler

Command

Name	Value	Unit	Evaluated Value	Description
Command	CreateRectangle			
Coordinate Sys...	Global			
Position	-3.563*tan(60*pi/180) ,0 ,0	cm	-6.1712970273...	
Axis	Z			
XSize	3.563*tan(60*pi/180)*2	cm	12.3425940547...	
YSize	3.563*(.7)^3*.84	cm	1.02657156cm	

Show Hidden

OK Cancel

Fig:- 29

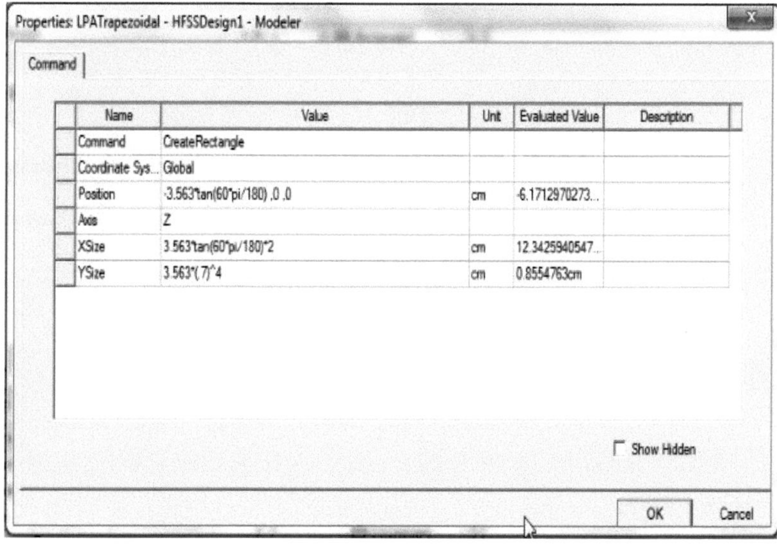

Properties: LPATrapezoidal - HFSSDesign1 - Modeler

Command

Name	Value	Unit	Evaluated Value	Description
Command	CreateRectangle			
Coordinate Sys...	Global			
Position	-3.563*tan(60*pi/180) ,0 ,0	cm	-6.1712970273...	
Axis	Z			
XSize	3.563*tan(60*pi/180)*2	cm	12.3425940547...	
YSize	3.563*(.7)^4	cm	0.8554763cm	

Show Hidden

OK Cancel

Fig:- 30

- Copiar **o retângulo 8** para criar **o retângulo 9 com os parâmetros que o acompanham, tal como indicado na figura**
- Copiar **o retângulo 9** para criar **o retângulo 10 com** os parâmetros que o acompanham, tal como indicado na **figura**

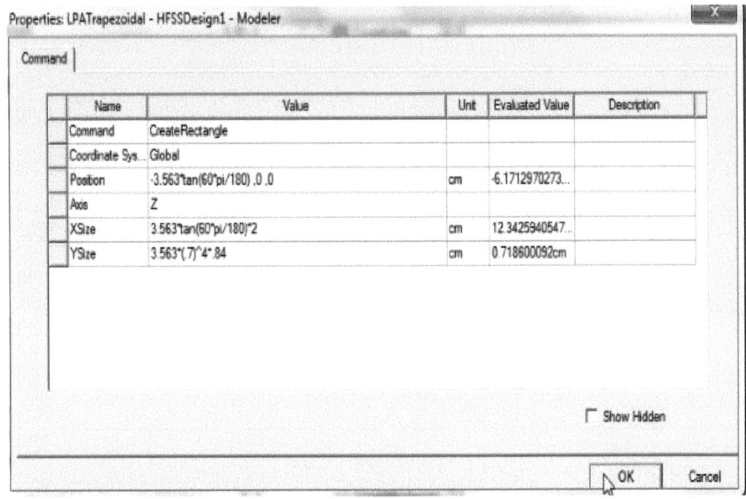

Fig:- 31

- Seleccione **o Retângulo 1** e **o Retângulo 2** e use o menu **Modeler-> Boolean->Subtract** e seleccione a opção **Clone tool Object antes da operação** como na **Fig:- 4.6.15**

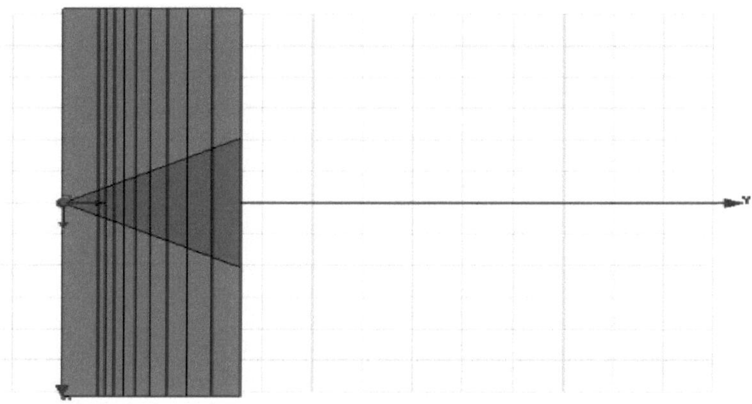

Fig:-32

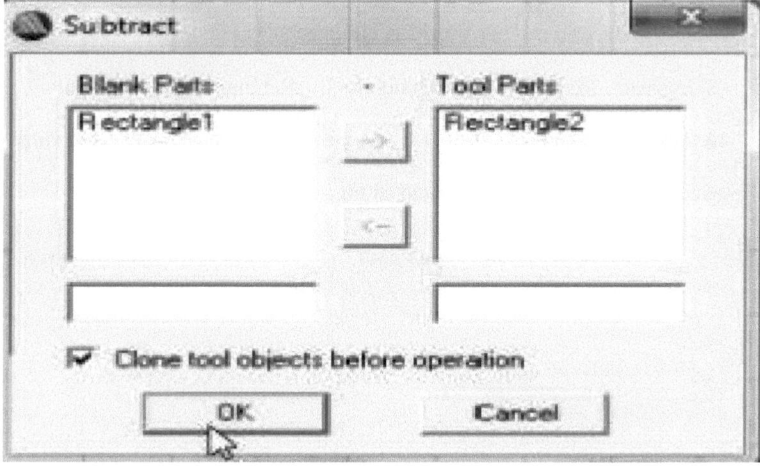

Fig:- 33

- Efetuar a operação **Booleano->Subtrair** para as seguintes geometrias, como abaixo indicado. Note que a opção **Clonar objectos da ferramenta antes da operação** está sempre marcada para as operações abaixo

Fazer a operação **Boolean->Subtract** para o **Rectangle- 9** & **Rectangle- 10** mas **desmarcar** a opção **Clone tool objects antes da operação** como na **fig.**

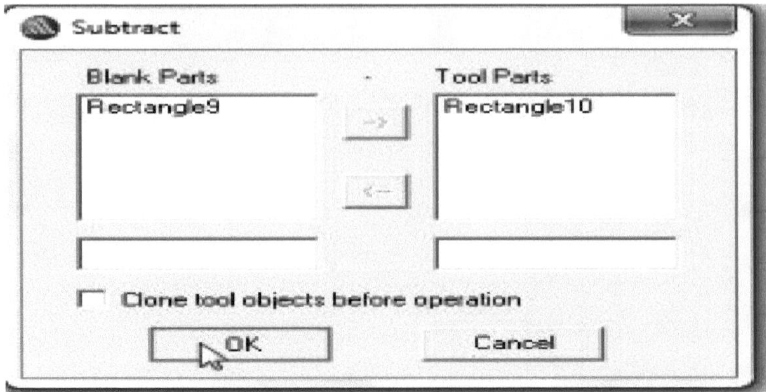

Fig:- 34

- Selecionar o sistema de coordenadas **RelativeCS2** utilizando **Modeler->Coordinate system->Set Working CS...** como na **Fig:**
- -Selecionar **Retângulo-1, Retângulo-3, Retângulo-5, Retângulo-7** e **Retângulo-9** como na **Fig:- 18.** e usar **Modelador->Boolean->Dividir** e selecionar **Dividir plano XZ** como na **Fig:-** e **Fig:-**

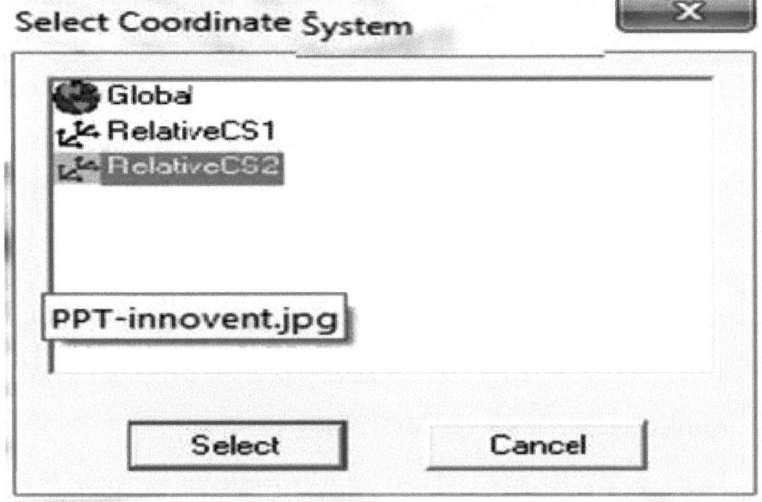

Fig:-35

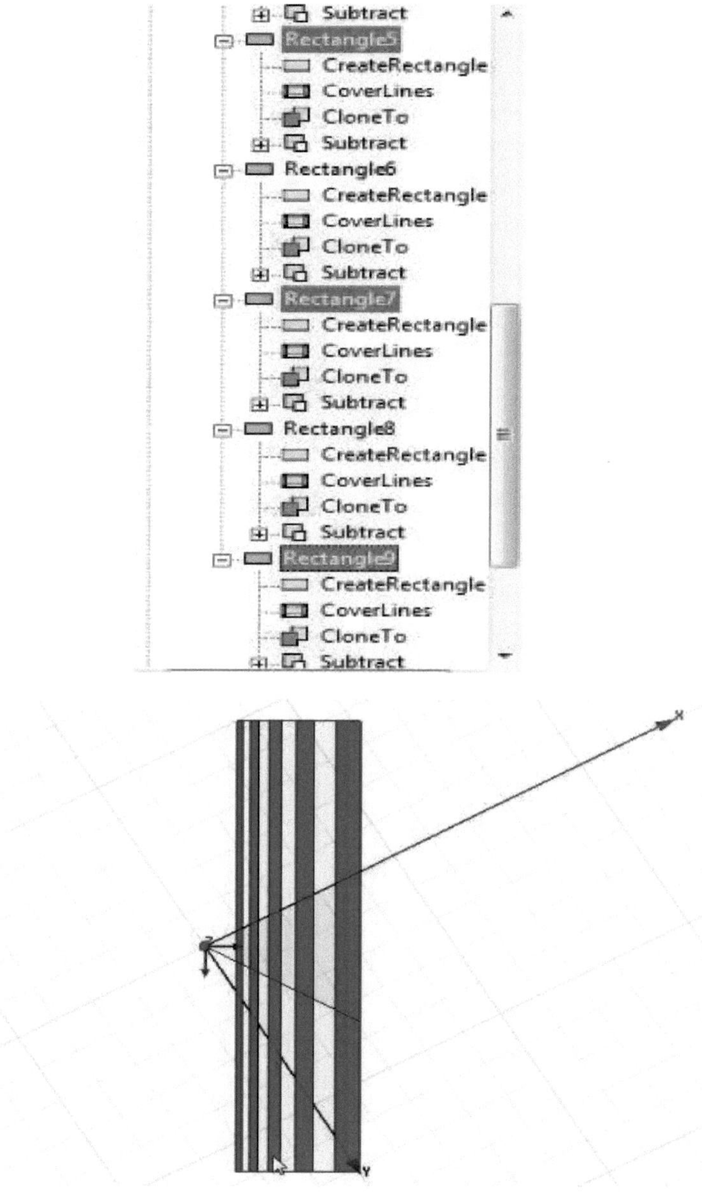
Subtract
Rectangle5
CreateRectangle
CoverLines
CloneTo
Subtract
Rectangle6
CreateRectangle
CoverLines
CloneTo
Subtract
Rectangle7
CreateRectangle
CoverLines
CloneTo
Subtract
Rectangle8
CreateRectangle
CoverLines
CloneTo
Subtract
Rectangle9
CreateRectangle
CoverLines
CloneTo
Subtract

Fig:-36

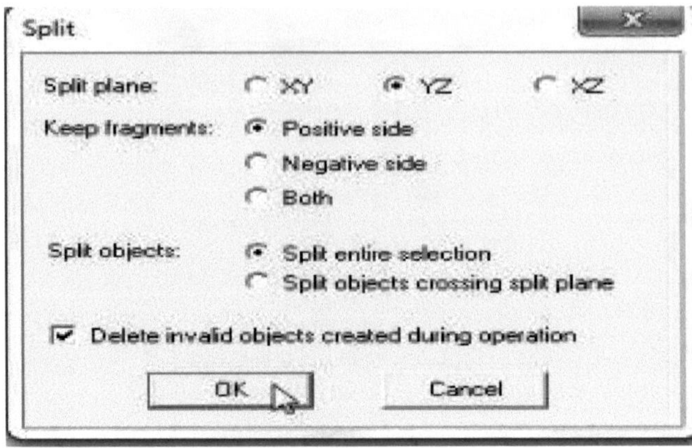

Fig:-37

- A geometria será apresentada como na **Fig:-4.6.21**.

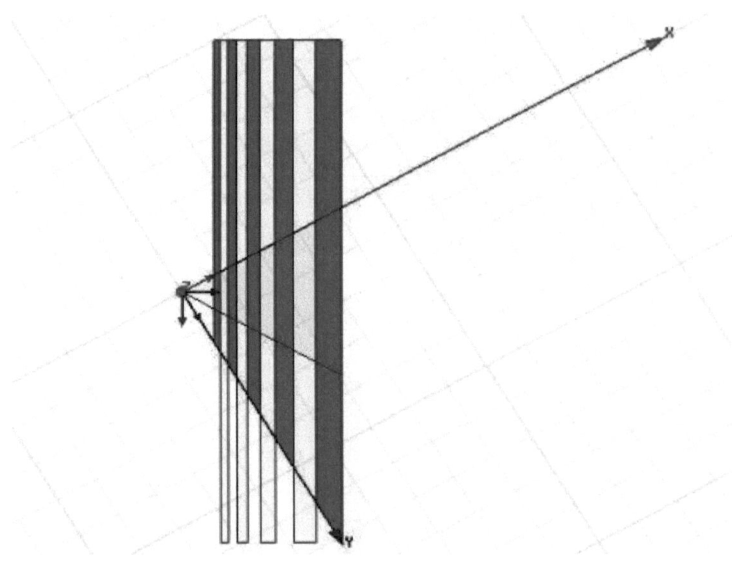

Fig:-38

- Agora defina o sistema de coordenadas, nomeadamente **RelativeCS1**, utilizando **Modeler>Coordinate system->Set Working CS**
- Agora seleccione **Rectangle- 2, Rectangle- 4, Rectangle- 6 & Rectangle- 8** e utilize a opção **Modeler>Boolean>Split** e seleccione **Split Plane XZ** como na **Fig:-4.6.22.**

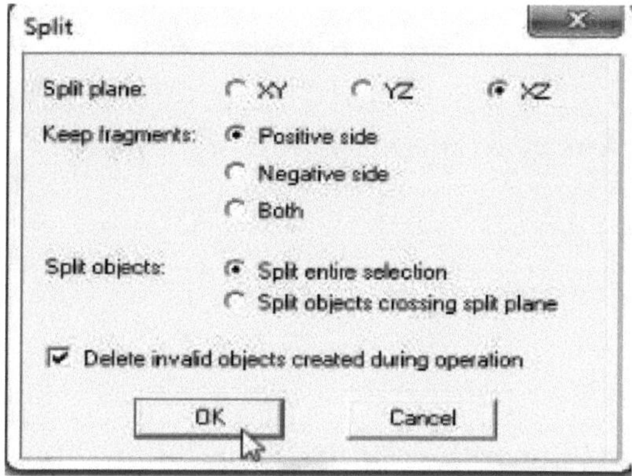

Fig:-39

- A geometria é apresentada na **Fig:- 4.6.23.**

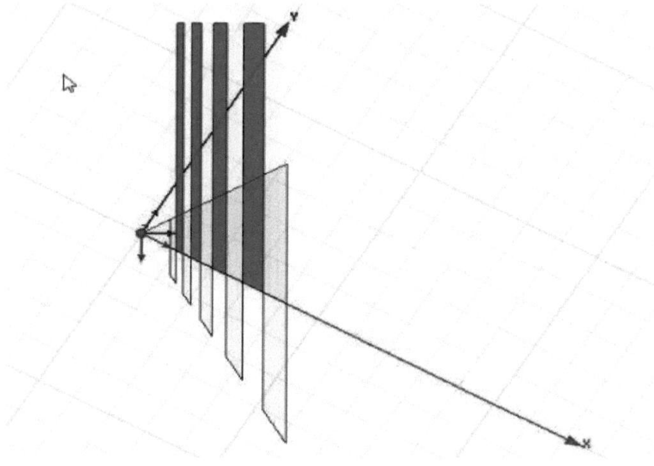

Fig:-40

- Selecionar o plano de separação YZ como mostra a Fig:

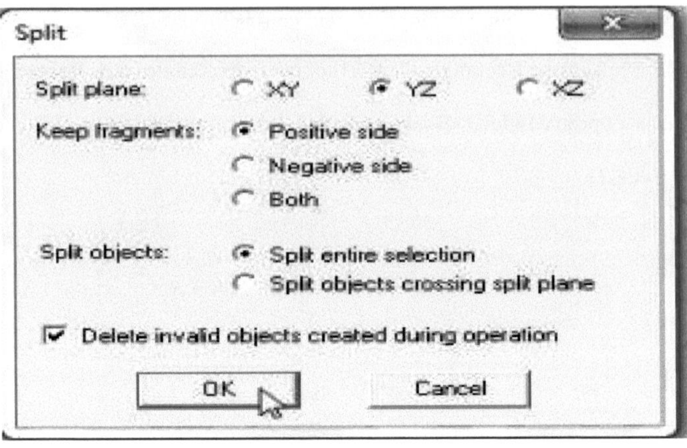

Fig:-41

- A geometria é apresentada na Fig:-4.6.25.

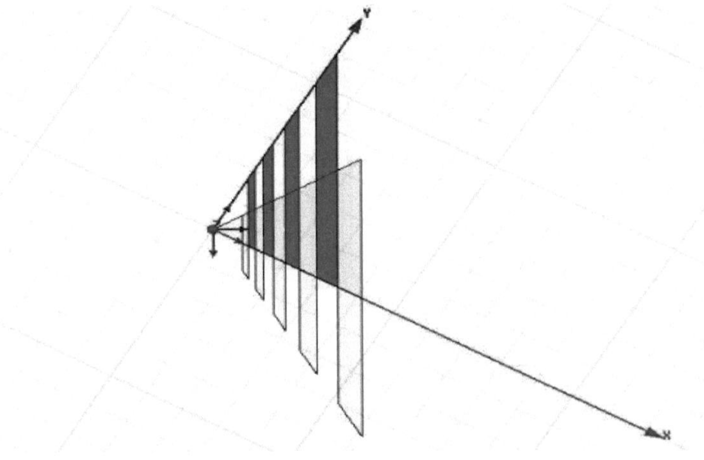

Fig:-42

-Use **a** opção **Ctrl+A** para selecionar todas as geometrias e seleccione **Modeler->Boolean->Unite** para criar uma geometria de união como na **Fig:- 4.6.26** e use **a** opção **Ctrl+H** para a esconder.

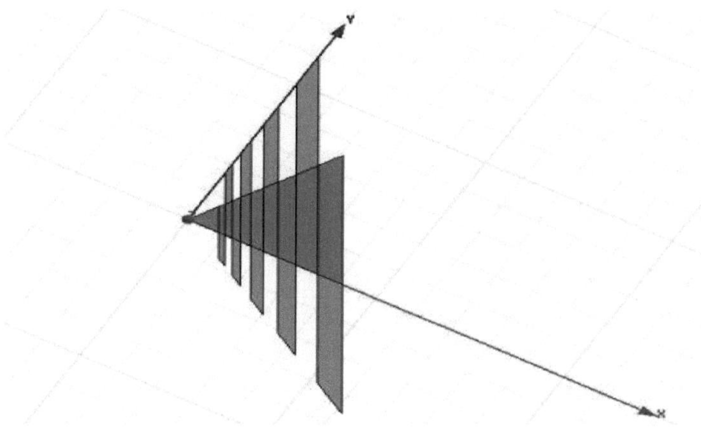

Fig:-43

- Selecionar o sistema de coordenadas **globais** como mostra a **Fig:-4.6.28.**

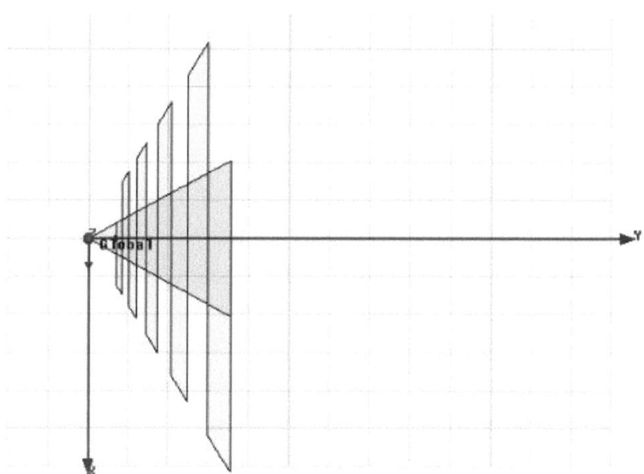

Fig:-4.4

- Utilize **Ctrl+A** para selecionar todas as geometrias e seleccione Modeler->Boolean->unite para as unir e designar a nova geometria como **Arm1**
- A geometria final é mostrada na **Fig:-4.6.29.**

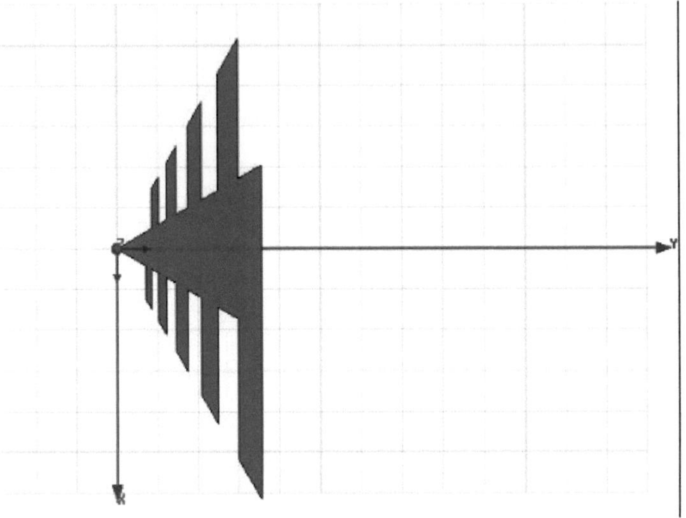

Fig:-45

- Criar uma **lacuna no porto**

  -Draw->Rectangle- com o nome **Port_gap** com valores como os indicados na **Fig:-**

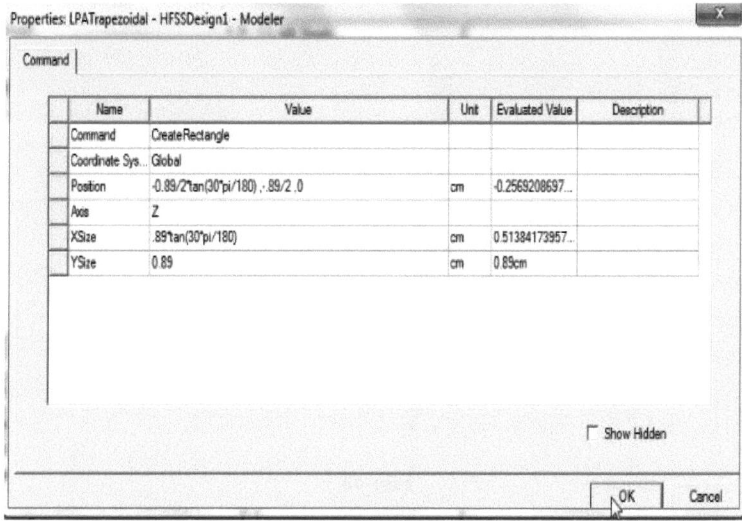

Name	Value	Unit	Evaluated Value	Description
Command	CreateRectangle			
Coordinate Sys...	Global			
Position	-0.89/2*tan(30*pi/180) ,-.89/2 ,0	cm	-0.2569208697...	
Axis	Z			
XSize	.89*tan(30*pi/180)	cm	0.51384173957...	
YSize	0.89	cm	0.89cm	

Fig:-46

- Agora selecionar **Braço1** e **Editar->Duplicar->Eixo envolvente** e introduzir o valor do ângulo de **180 graus** e o número total: 2 como na **Fig:-** e nomear a geometria duplicada como **Braço2** e terá o aspeto da **Fig:-**

Duplicate Around Axis

Axis: X Y Z

Angle: 180 deg

Total number: 2

Attach To Original Object:

NOTE: When 'Attach to Original Object' is selected, face/edge assignments (e.g. boundaries/excitations) on duplicates will be lost, to ensure model consistency, when 'Total Number' is edited.

OK Cancel

Fig:-47

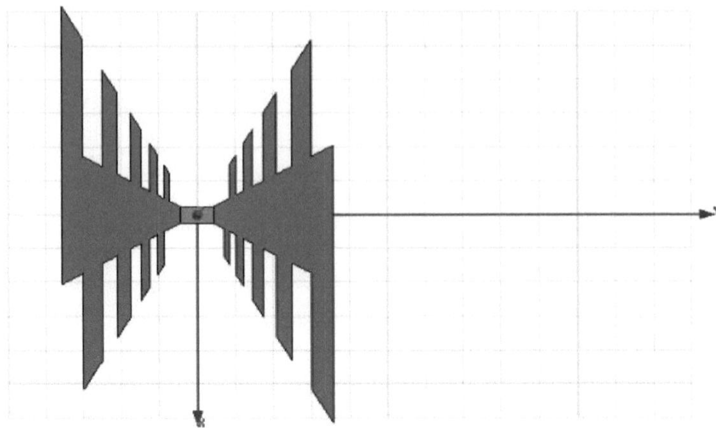

Fig:-48

- Seleccione **o Braço1** e atribua-lhe o limite **PerfE->PerfE** e, de forma semelhante, atribua também o limite **PerfE** ao **Braço2**
- Seleccione Port_gap e atribua-lhe a porta Excitation->Lumped e seleccione agora o braço2 como condutor de referência, como na **Fig:-**

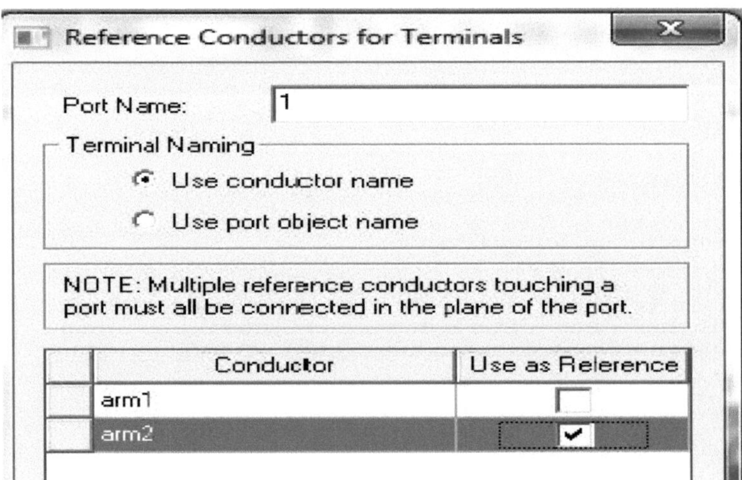

Fig:-49

- Criar **o substrato** como mostra a Fig:-4.6.34

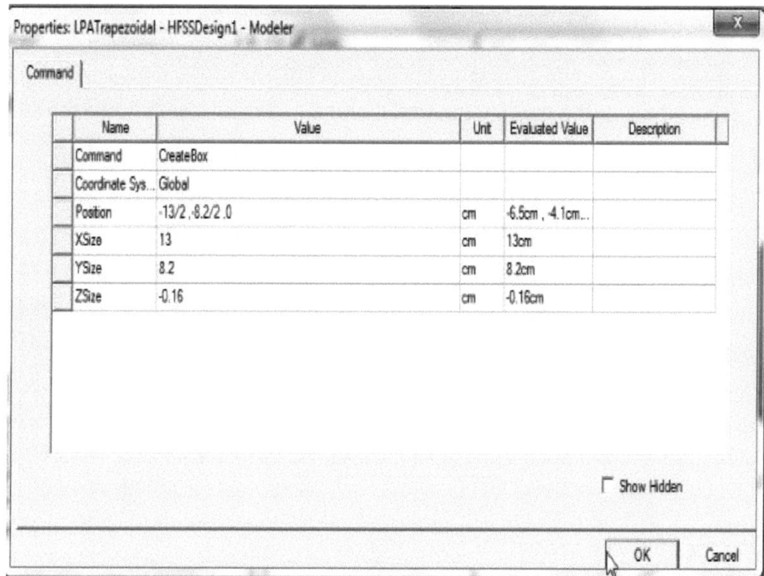

Fig:-50

- Selecionar o substrato e atribuir-lhe o material **Rogers RT duroid 5880**
- Desenhar->Região e selecionar Preencher todas as direcções de forma semelhante e definir o tipo de preenchimento como Deslocamento absoluto e o valor é 6,8 cm.
- Seleccione Região e Atribuir limite->Radiação a essa região.
- HFSS->Radiation->place in Far-Field Setup->Infinite Sphere como mostra a Fig:-

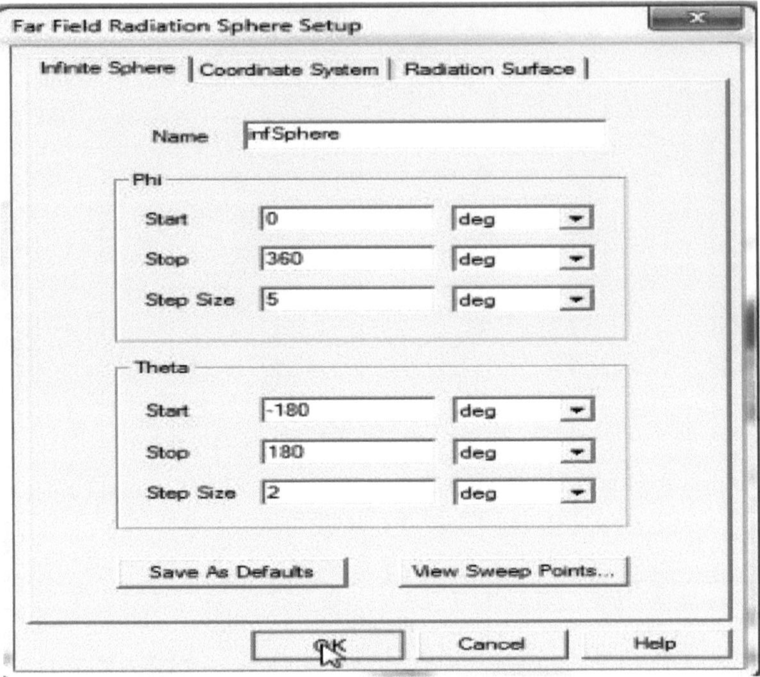

Fig:-51

- **HFSS->Verificação de validação**
- **HFSS->Analisar tudo**
- Depois de efectuada a análise, desenhar os resultados
- **HFSS->Results->Create Terminal Solution information Report->Retangular plot** como mostrado na Fig:
  - Traçar os dados dos parâmetros S

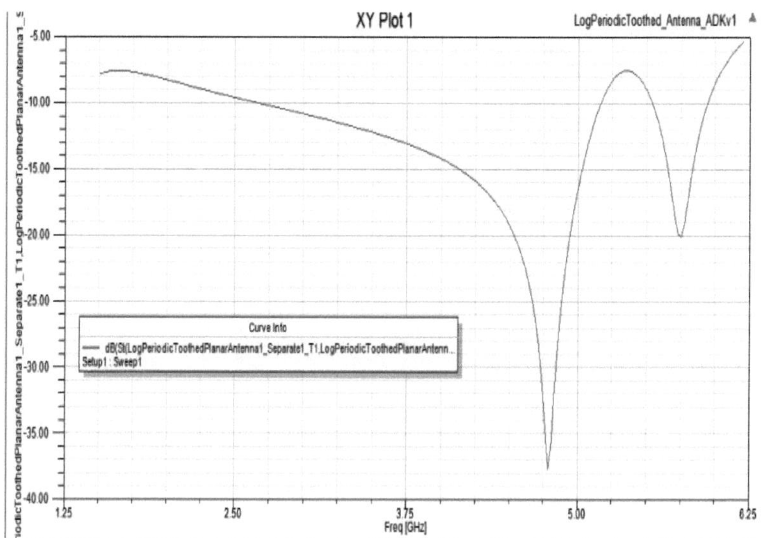

Fig:-52

- **HFSS->Results->Far Fields Report->3D Polar plot como mostra a Fig:-4.6.37.**
  - Plotar Ganho->GanhoTotal>dB

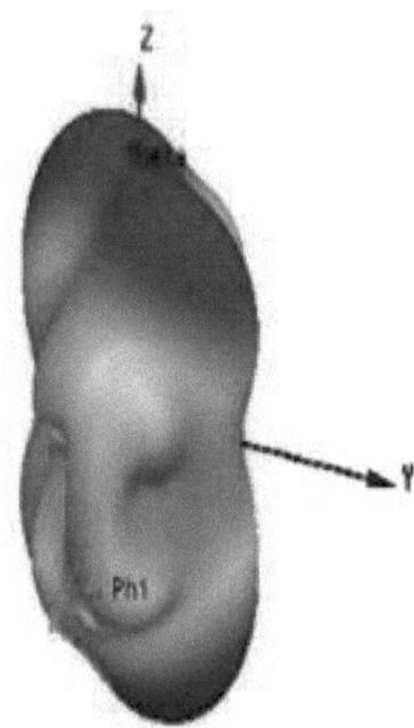

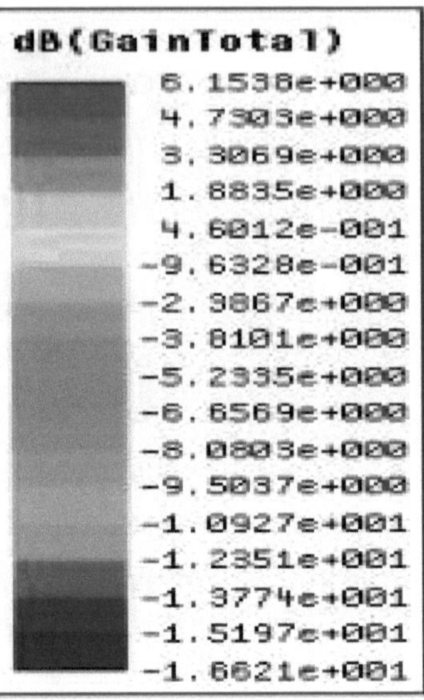

Fig:-53

HFSS->Resultados->Relatório de Campos Distantes->Padrão de Radiação

-Roteie Ganho->GanhoTotal>dB para phi=0 graus e phi = 90 graus como mostra a **Fig:-4.6.38**

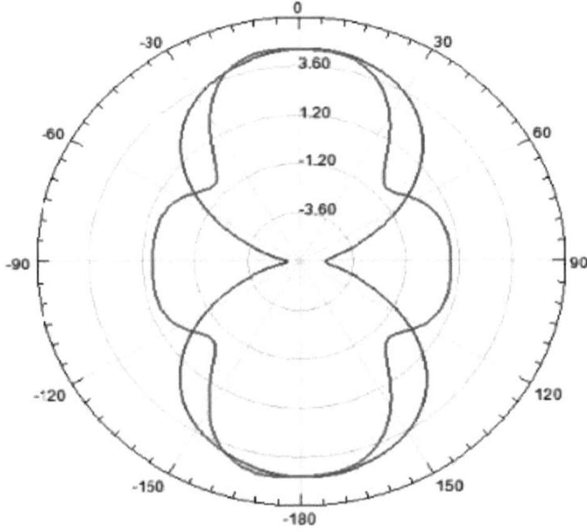

Fig:-54

Assim, o padrão de radiação do LPDA (Trapezoidal) a Phi=90 graus é mostrado na **Fig:-4.6.38.**

4.3 Antena Dipolo Periódica Logarítmica

Ao colapsar dois braços do LPTTA, o ponto de inclinação passa a ser zero, o que leva a um tipo unidirecional de aparelho de receção log-intermitente reconhecido como LPDA. Este tipo de fio radioelétrico ocasional de registo foi inicialmente apresentado em Is Bell e mais tarde resolvido por Carrey.

É necessária uma inversão de fase entre os componentes próximos do LPDA e, nos LPDAs dipolares comuns, esta inversão de fase é concluída através da intersecção ou da viragem da linha de transmissão entre os componentes vizinhos. Esta contorção é regularmente indesejável para fios de rádio feitos em superfícies planas impressas, tendo em conta o facto de obrigar o visto para o lado inverso a atravessar os caminhos da linha de transmissão. Utilizando um dipolo colapsado reentrante como componente LPDA, não é importante virar as vias da linha de transmissão e é adequado para impressão num único lado de uma estrutura plana.

Como se pode ver na Fig. 4.3 (c), os dipolos progressivos são, por outro lado, unidos a uma linha de transmissão ajustada chamada alimentador. Estes componentes firmemente dispersos estão ligados de forma oposta, com o objetivo de que a radiação de fim de linha para os componentes mais curtos seja feita e a radiação lateral tenda a desaparecer. Na verdade, é utilizada uma linha coaxial que experimenta um dos alimentadores da parte mais longa para a mais curta. O condutor da ligação coaxial é ligado ao outro alimentador de modo a que o conjunto mecânico de recolha tenha o seu próprio balun.

A uma dada repetição, imperatividade da radiação, vem o alimentador até atingir o território de uma estrutura onde os comprimentos eléctricos dos segmentos e as associações de fases são, por exemplo, para transportar a radiação. Com a variedade na recorrência, a posição do componente do trovão é movida facilmente, começando com um componente e depois para o seguinte. Os pontos de recorrência superior e inferior do confinamento serão então controlados pelos comprimentos das partes mais curtas e mais longas ou então estes comprimentos devem ser escolhidos para assegurar o limite essencial de troca de informação. A meia parte mais longa deve ter cerca de 1/4 de comprimento de onda na repetição mais reduzida do limite de troca de informações, enquanto o meio segmento mais curto deve associar-se a 1/4 de comprimento de onda na repetição mais elevada da capacidade de transmissão de trabalho desejada.

Em muitas aplicações, é importante utilizar um cabo de receção numa grande variedade de frequências. Este tipo de fio de rádio é conhecido como fio de receção de banda larga. O aparelho de receção log-intermitente (LP) é um fio de rádio de banda larga, multicomponente, unidirecional, de barra limitada, que tem qualidades de impedância e radiação que são regularmente tediosas como um limite logarítmico da repetição da excitação. O comprimento e a separação dos segmentos de um aparelho de receção intermitente logarítmico aumentam logaritmicamente de uma extremidade à outra. A regra de Rumsey é que a impedância e as propriedades do caso de uma engenhoca de recolha serão sem repetição se a forma do fio de aceitação for determinada apenas até aos pontos. A ideia de um aparelho de receção autónomo de auto-escala ou de recorrência tem origem na regra da escala de recorrência utilizada como parte das estimativas do modelo do fio recetor. O gráfico esquemático do LPDA é dado na Fig 4.7. Este tipo de aparelho de receção não é tanto indicado pelo seu ponto, mas ao mesmo tempo depende de direcções raquíticas. O LPDA é, por todas as contas, uma estrutura auto-correspondente, tendo em vista o fato de que tem o normal incompreensível para impedância de informação constante.

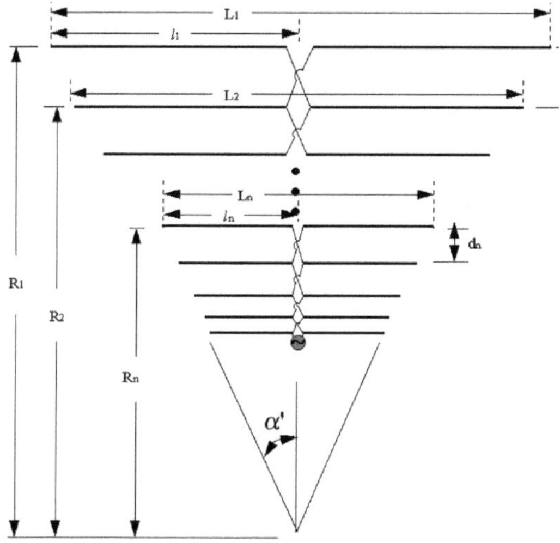

Fig:-55 Projeto de antena log-periódica,.

Atualmente, temos a possibilidade de caraterizar os parâmetros t, a¢ e s, para representar a geometria da LPDA. As ligações entre a¢, t, os comprimentos de dipolo dos componentes Ln e as separações Rn em relação ao pico são controladas pela geometria e enunciadas

$$\frac{L_1}{R_1} = \frac{L_n}{R_n} = \frac{2}{\text{bronzeado}\alpha}$$

Em que R_n = Distância do vértice ao elemento n^{th}

L_n = Comprimento do elemento n^{th}

α' = Meio ângulo subtendido pelos elementos radiantes.

Além disso, os rácios de d /d_{n+1n} e R /R_{n+1n} são iguais aτ , geralmente um número inferior a 1,0. Ou seja

$$\frac{D_{n+1}}{D_n} = \frac{R_{n+1}\,(1-)\tau}{R_n\,(1-)\tau} = \frac{R_{n+1}}{R_n} = \tau$$

Onde d_n é a distância entre o n-ésimo e o (n+1)-ésimo elementos.

É regularmente útil pensar na fenda do componente dn em termos de comprimento de onda. O comprimento de onda no espaço livre l1 de uma bandeira que ressoa o primeiro componente maior, l1, é cerca de quatro vezes l1, subsequentemente

$$\lambda_1 \approx 4l_1$$

Da mesma forma

$$\lambda_2 \approx 4l_2 ; \lambda_3 \approx 4l ;_3 \lambda_n \approx 4l_n$$

Para qualquer valor de n, o rácio d /$4l_{nn}$ é uma quantidade útil e é designado por fator de espaçamento e pode ser expresso em termos deτ eα' da seguinte forma:

$$\sigma = \frac{d_1}{4\,l_1} = \frac{d_n}{4\,l_n} = \frac{R_n(1-)\tau}{4(R_n \tan\alpha')} = \frac{1-\tau}{4\tan\alpha'}$$

A execução do LPDA é um dispositivo de recolha de parâmetros do segmento . Em particular, a impedância dos dados depende de . Por exemplo, quando a estimativa de é 0,95, a impedância do alimentador purgado é 104 ohms, e quando a¢ varia de 10° a 30°, a impedância dos dados cai entre os limites de 76 e 53 ohms. Aqui, a impedância de alimentação purgada sugere a impedância de marca registada da linha de transmissão central sem cada uma das partes.

À medida que a estimativa de t é reduzida, a impedância da informação aumentará em direção à estimativa da impedância do alimentador esgotado. A razão é que menos peças por unidade de comprimento do alimentador são unidas em paralelo ao alimentador. Independentemente do que possa ser normal, é típico que, para as estimativas mais altas de t, o LPDA seja menos dependente da repetiçãoAs qualidades de escala das estimativas do modelo de fio de rádio determinam que, se o estado do aparelho de receção fosse totalmente demonstrado pelos atendentes celestiais, sua execução precisaria ser livre de recorrência. O requisito de que os aparelhos de receção cubram velocidades de transferência amplas é de grande importância, especialmente no campo do radar de banda larga e da medição.

4.3.1 Conceção e análise da antena periódica lógica

A LPDA é uma antena independente da incidência, na qual o comprimento dos elementos de dipolo e o espaçamentoσ é claro como a reserva entre dois comprimentos do elemento de dipolo maior. O desenho da LPDA é apresentado na Fig. 4.8.

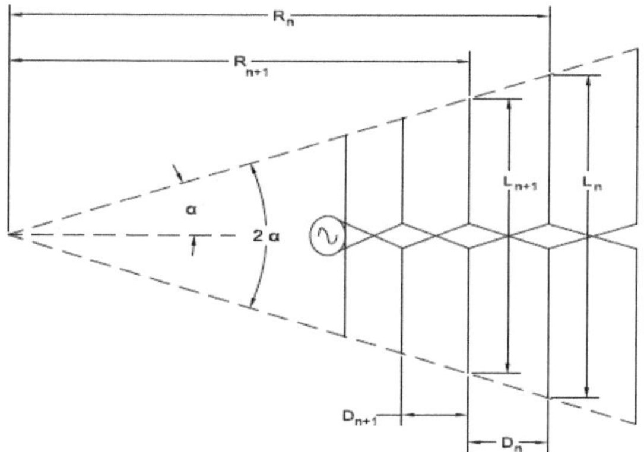

Fig 56 Antena Dipolo Periódica Logarítmica

A relação entre os diferentes parâmetros pode ser escrita como:

$$\tau = \frac{R_{n+1}}{R_n} = \frac{D_{n+1}}{D_n}$$

$$\sigma = \frac{\frac{1-\tau}{4}}{\text{bronzea do } \alpha} = \frac{D_n}{2L_n}$$

Aqui

τ = Razão geométrica e**τ** <1

L = Comprimento do dipolo

R = Distância do vértice ao elemento de dipolo

D = Espaçamento entre elementos de dipolo

σ	=	Fator de espaçamento, que relaciona a distância entre dois elementos adjacentes com o comprimento do elemento maior.
α	=	Metade do ângulo do vértice

Como ritmo primário do processo médio, os parâmetros médios fundamentaisτ eσ devem ser escolhidos para uma dada directividade. Para uma dada directividade, o espaçamento relativoτ e a Fig. geométricaσ devem ser relacionados com a Fig. 4.5. Para uma dada directividade, podem ser encontrados os correspondentes σ_{opt} eτ . Para uma certaτ , se se desejar a máxima directividade.
Em geral, podemos dividir o LPDA em dois tipos:

- (LPTPA) Antena planar com dentes periódicos lógicos
- (LPTTA) Antena trapezoidal com dentes periódicos lógicos

Antena planar com dentes periódicos lógicos (LPTPA)
A LPTPA foi a primeira antena a ser tida em consideração. O desenho deste tipo de antena é apresentado na Fig 2.2.1(a). De acordo com a ideia de ponto, se um dente tiver uma largura W0, o seguinte será $W\tau_{10}$ e o terceiro será $W\tau_{20}$ e assim por diante. Se a largura do dente mais largo for W_1 , então a largura do dente n^{th} , W_n , será:

$$W_n = W_1\tau \qquad n\ (1)$$

Em que -τ é uma constante que representa o rácio entre $(n+1)_{th}$ dentes e a largura de n_{th} dentes. O logaritmo de ambos os lados de (1) resulta em

$$\text{Log } W_n = \log W_1 + \log\tau$$

(LPTTA) :- Antena Trapezoidal Dentada Periódica Lógica

Podemos modificar o LPTPA para obter uma geometria mais avançada do LPTTA, como mostra a fig. 4.5. O LPTTA também é especificado por um ângulo igual ao do LPTPA, como retratado na área anterior. O elemento vital deste fio de rádio é falar com uma conexão prévia ao avanço do aparelho de receção dipolo ocasional de log. Este também é um tipo de antena auto-complementar. Podemos obter a antena Log

Periodic Wedge dobrando dois braços da antena de forma queψ seja menor que 180° . Além disso, os dentes poderiam ser diminuídos para a espessura dos fios permitindo um plano de jogo paralelo dos fragmentos nas duas meias-estruturas com é inferior a 180 um log não planar imprevisível dentada. Pode ser feito um fio de rádio em cunha. Da mesma forma, os dentes podem ser diminuídos à espessura dos fios para permitir um curso de ação paralelo das partes nas duas semi-estruturas com um ponto indistinguível a zero. A partir do momento em que se demonstra que o evento social mecânico se junta, persuade-se a hipótese de ser um dipolo log-irregular coplanar rad.

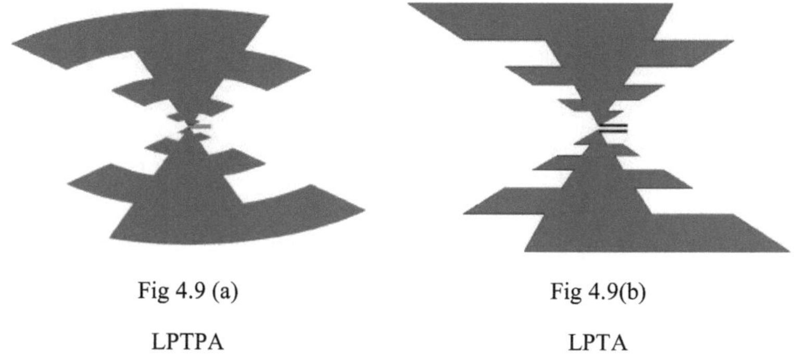

Fig 4.9 (a) LPTPA

Fig 4.9(b) LPTA

Antena Dipolo Periódica Logarítmica

Na LPTTA,ψ torna-se zero se dobrarmos os dois braços da Antena Trapezoidal Periódica Lógica e a antena torna-se LPDA unidirecional. O desenvolvimento deste tipo de aparelho de receção foi concluído primeiro por Isbell e mais tarde por Carrel. A estrutura da LPDA é apresentada na Fig. 4.9. O LPDA não é totalmente determinado pelos seus pontos, mas depende de direcções precisas. O LPDA é uma estrutura auto-correlativa, tendo em conta o facto de ter as qualidades concebíveis de impedância de informação consistente.

No LPDA, os dipolos são ligados, por outro lado, a uma linha de transmissão ajustada chamada alimentador. O condutor central da ligação coaxial pode ser ligado ao outro alimentador, de modo a que o aparelho de receção tenha o seu próprio balun. Na LPDA, é utilizada uma linha coaxial que passa por um dos alimentadores desde o topo até ao componente mais curto.

Seguem-se os três parâmetros alteráveis de uma antena

- Tamanho do dipolo
- Distância entre eles
- O número de elementos da antena.

A antena pode ser ajustada para proporcionar diferentes ganhos. Isto permite que o fio de rádio seja de banda larga ou multibanda, cobrindo uma gama de recorrência mais elevada. O corpo focal do aparelho de receção pode ser composto utilizando dois funis de alumínio em paralelo. Foram construídos dipolos de diferentes comprimentos e tamanhos, como se mostra a seguir.

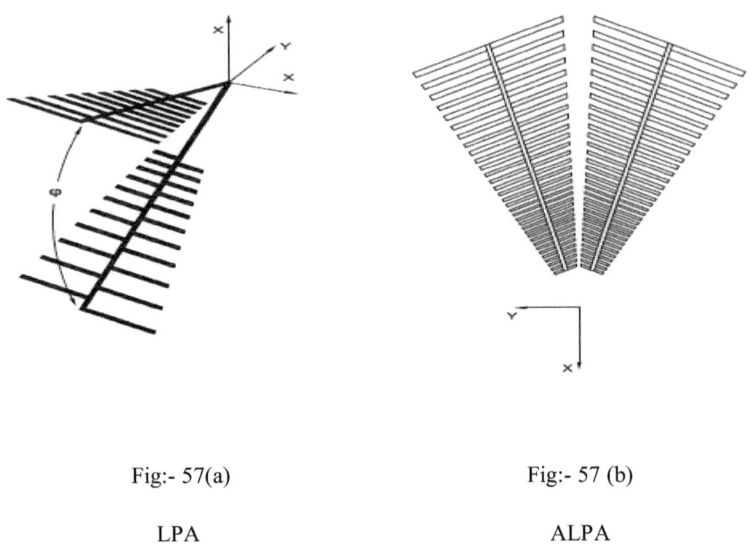

Fig:- 57(a) LPA

Fig:- 57 (b) ALPA

As qualidades de escala das estimativas do modelo de fio de rádio demonstram que, se o estado do fio recetor fosse totalmente indicado pelos seus pontos, a sua execução teria de ser autónoma de recorrência. A exigência de que os aparelhos de receção cubram amplas capacidades de transferência de dados é de grande importância, especialmente no domínio dos radares de banda larga e das estruturas de medição.

2.7 Análise da LPDA:-

O aparelho de receção LPDA foi o primeiro fio de rádio sem repetição que teve um impacto monstruoso nas aplicações comerciais e militares em todo o mundo num instante após o seu arranque. Como descrito, o conjunto mecânico de recolha log-irregular é uma estrutura cujas propriedades eléctricas variam, incidentalmente, com o logaritmo da repetição. Para um fio recetor, se a sua execução muda em cada período dentro das condições descritas na taxa de câmbio, então a operação de várias décadas pode ser obtida. Para obter a execução desejada, é necessário juntar associações experimentais praticamente idênticas com os parâmetros essenciais do fio de rádio.

O fio de receção LPDA envolve dois planos de jogo no plano de monopolos confundidos cujos comprimentos e divisões são unidos por método para a taxa de melhoria. Para terminar a radiação retrógrada de fim de linha em direção aos pequenos conjuntos de dipolos, é necessário substituir as potências. A dedicação dos fluxos à radiação geral acaba por ser baixa, uma vez que os padrões recorrentes nos monopólos consecutivos no local da linha de transmissão são no sentido inverso. O fio de receção LPDA, com uma estrutura de montagem mecânica de recolha direta, tem uma expansão sensível, um eixo fino e uma resistência de dados duradoura numa velocidade de troca de impedância ampla. Estes fios de rádio são utilizados como uma peça de aplicações versáteis, por exemplo, para reforçar fios de rádio reflectores, lentes e área de sinalização. Dependendo da aplicação, a forma do segmento transmissor pode ser redonda e dipolo vazio, dipolo impresso ou diversos tipos de forma [4]. Como resultado de um esforço insignificante, leve e simples de organizar, os fios de receção LPDA impressos são bem procurados.

2.8 Comparação entre os softwares MMANA-GAL, WIPL-D PRO e HFSS

Inicialmente, a antena foi realizada utilizando o software MMANA-GAL. O software MMANA-GAL baseia-se nos parâmetros do solo para calcular o campo distante e o padrão de feixe subsequente. Considere-se um caso em que as dimensões da antena são indicadas na figura 4.11(a)

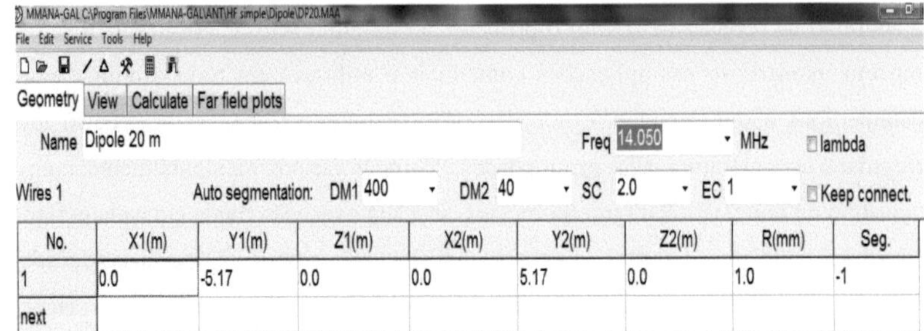

Fig :- 58 Dimensões da antena

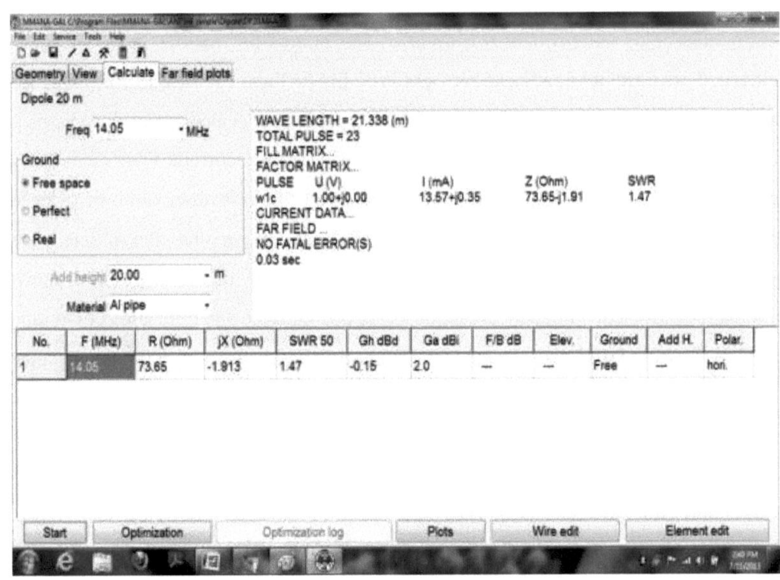

Fig :-59 Algoritmo MMANA-GAL

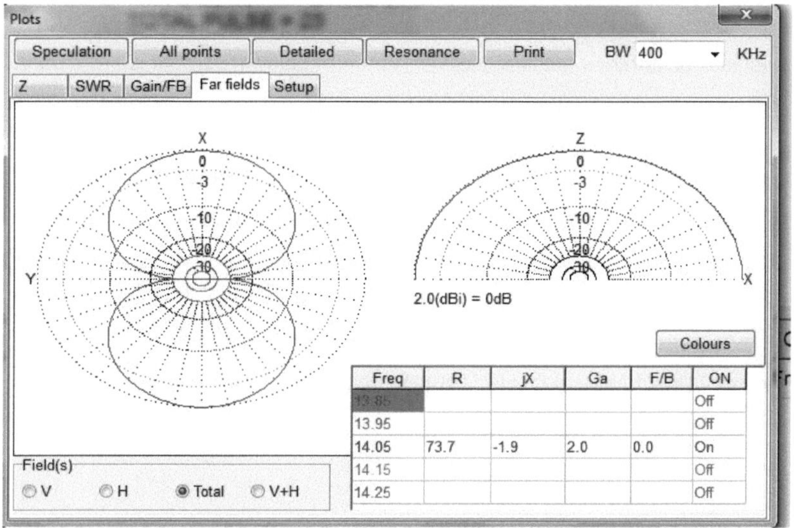

Fig 60 Simulação da antena utilizando o software MMANA-GAL

O algoritmo é apresentado na fig :- 4.11 (b).

A simulação da antena é mostrada na fig :- 4.12

O HFSS fornece a vista 3D da antena. Por outras palavras, podemos dizer que o HFSS é melhor do que o software IE3D. No IE3D, podemos ver a vista 2D da antena. O HFSS é melhor do que qualquer outro software que possamos utilizar para o projeto de antenas. Os resultados obtidos com a utilização do software HFSS são melhores do que os do software convencional que utilizámos para o projeto de antenas.

DESENHOS COM WIPL-D PRO

O WIPL-D Microwave simula com precisão circuitos que consistem em componentes incorporados ou definidos pelo utilizador. Uma caraterística única do WIPL-D Microwave é que podemos criar os nossos próprios componentes especificados como estruturas metálicas e dieléctricas compostas. A simulação de circuitos é baseada na representação dos parâmetros S dos componentes. Os parâmetros S dos componentes EM 3D são calculados em tempo real durante a simulação do circuito. O solucionador EM 3D é um solucionador de espaço de recorrência que tem em conta a estratégia de minutos. Permite copiar estruturas de forma subjectiva utilizando cordas e louça como quadrados de estrutura fundamentais. O WIPL-D Microwave tem uma visualização intuitiva de circuitos, estruturas EM 3D e resultados de simulação. Pode traçar a resposta em frequência do circuito: parâmetros s, parâmetros de impedância e de admitância, tensões, correntes e potência. O padrão de radiação, o campo próximo e a distribuição de correntes de superfície de uma estrutura EM 3D arbitrária podem ser visualizados através de gráficos 2D e 3D. Além disso, é possível sobrepor gráficos de diferentes projectos para apresentar várias curvas no mesmo diagrama. O LPDA sinuoso é construído de acordo com as dimensões indicadas na tabela.1 e na tabela.2 do solucionador EM 3D WIPL-D. O projeto simulado do LPDA sinuoso é apresentado na fig. 4.13(a)

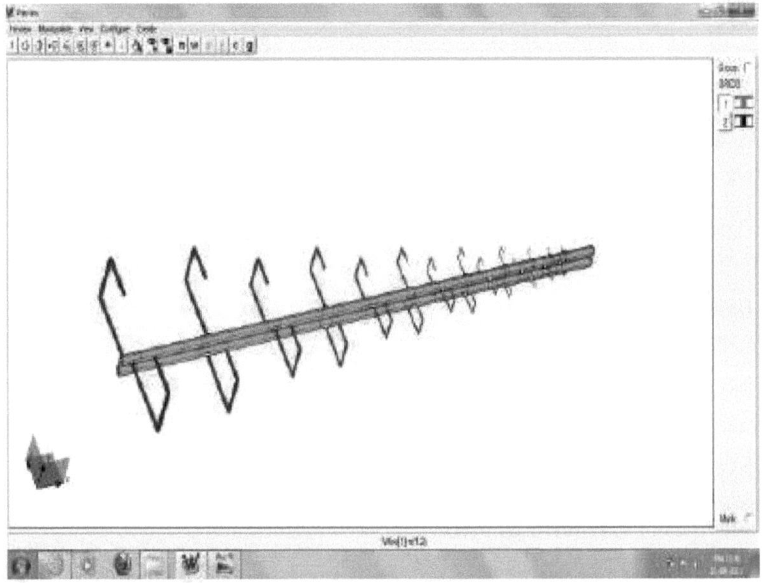

Fig :-61 Modelo da Antena Periódica Logarítmica

A VSWR (Voltage Standing Wave Ratio), a derrota de retorno, é traçada contra a frequência para a Antena Meandering Log-Periodic construída em WIPL-D. O gráfico da perda de retorno (S11) da antena de 2 GHz a 2,5 GHz é apresentado na Fig:-. O VSWR para a antena de 2 GHz a 2,5 GHz é apresentado na Fig. 4.14

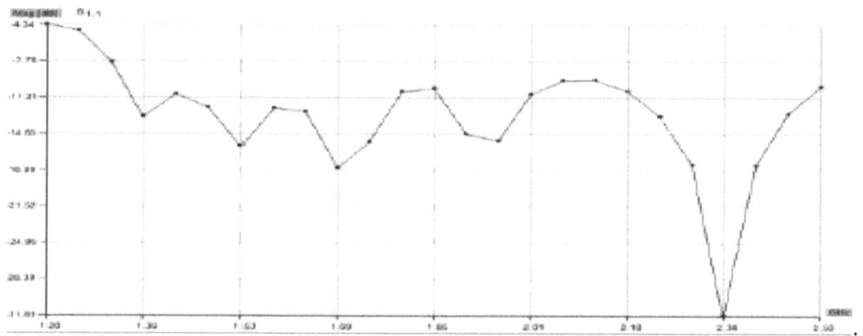

Fig :- 62 Perda de retorno da antena

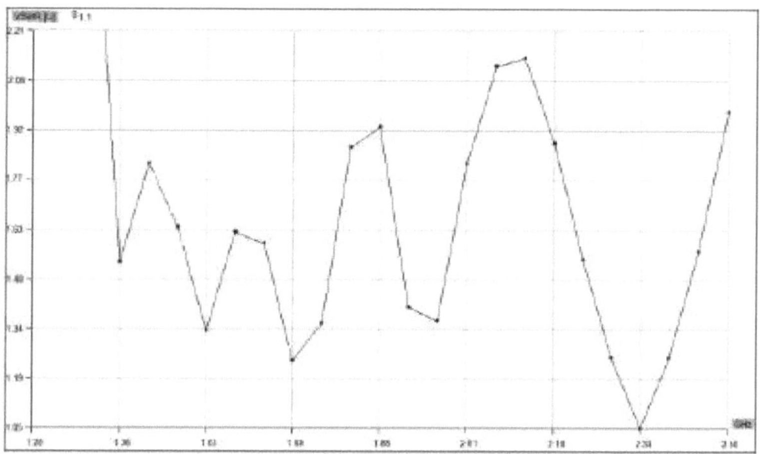

Fig :- 63 VSWR da antena simulada

A partir da figura, pode ver-se que a perda de retorno ou S11 é inferior a -10dB para a gama de frequências de 1,4-2,5 GHz. A partir da Fig. 5, verifica-se que o VSWR é inferior a 2 para a gama de frequências de 1,4-2,5 GHz. Os padrões de radiação 2-D de ganho simulado em dB são apresentados nas Figs. (4.12 - 4.15) na banda de frequências de 1,4 GHz-2,5 GHz às frequências de 1,4, 1,6, 1,8, 2 e 2,3 GHz, respetivamente. Fig: representa a variação do ganho em função da frequência.

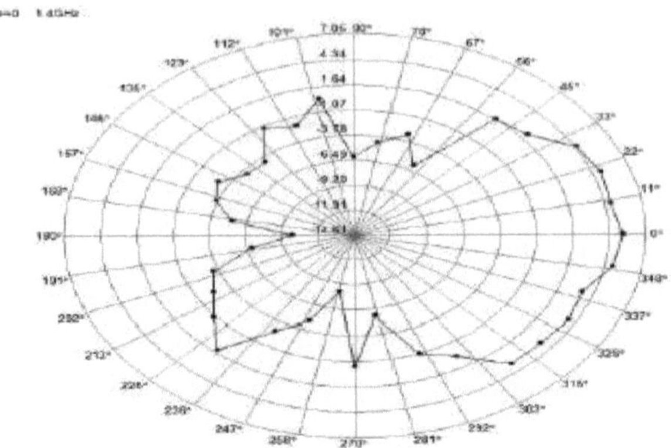

Fig:-64 Ganho a 1,4 GHz

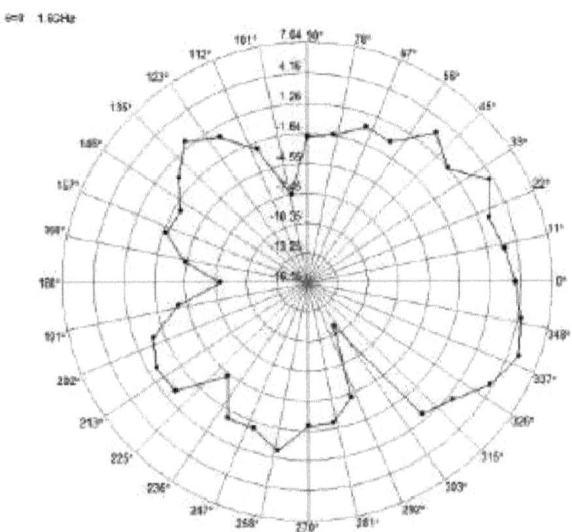

Fig:-65 Ganho a 1,6 Ghz

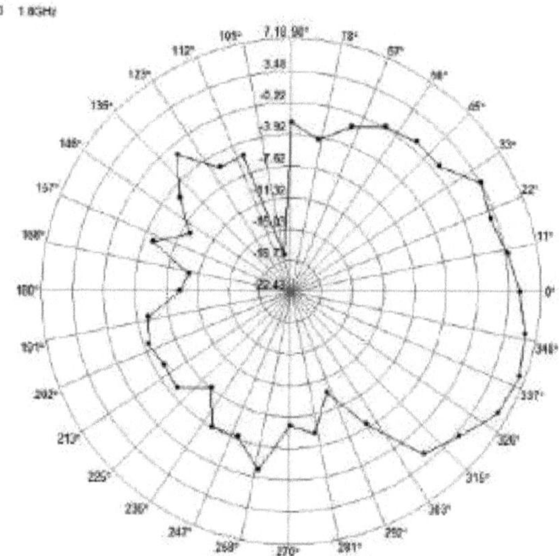

Fig:- 66 Ganho a 1,8 GHz

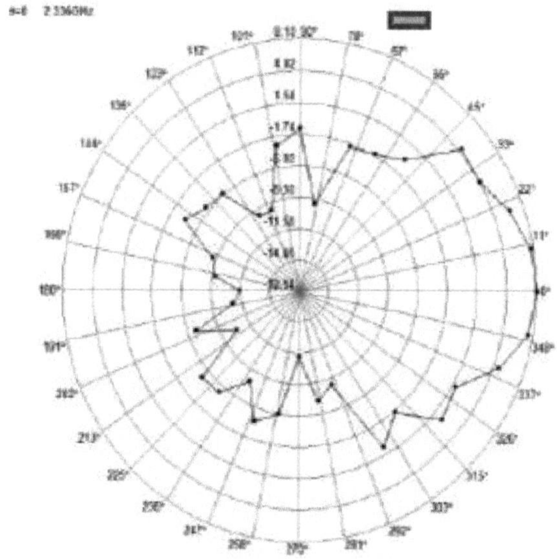

Fig:-67 Ganho a 2,336 GHz

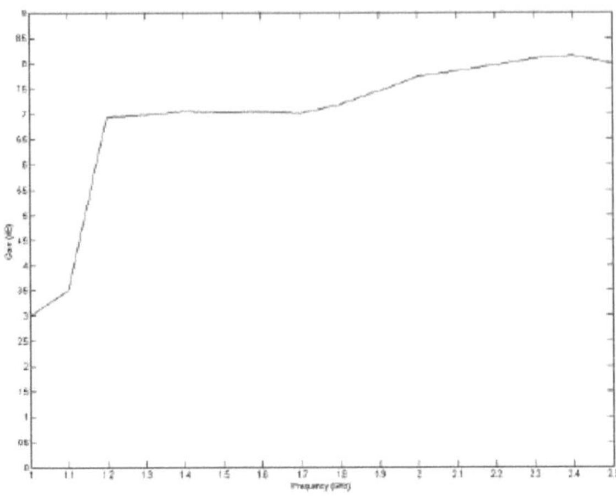

Fig:-68 Ganho em diferentes frequências

Fig:- representa a perda de retorno a diferentes frequências. Os padrões de radiação a diferentes frequências são obtidos utilizando o software de simulação electromagnética WIPL-D. O comprimento horizontal do LPDA sinuoso é apenas 46% do LPDA convencional. As perdas de retorno para as frequências de 1,35 GHz a 2,5 GHz são inferiores a -10dB.

Ganho LPDA em função deσ eτ :

A Fig :- 4.20 mostra o LPDA.

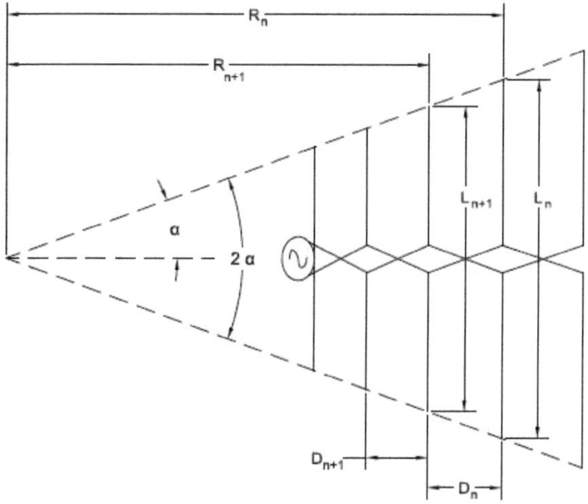

Fig:- 69 Antena Dipolo Periódica Logarítmica

De acordo com o diagrama, a razão geométrica e o fator de espaçamento podem ser dados pelas seguintes equações:

$$\tau = \frac{R_{n+1}}{R_n} = \frac{D_{n+1}}{D_n} = \frac{L_{n+1}}{L_n}$$

$$\sigma = \frac{\frac{1-\tau}{4}}{\text{bronze}} = \frac{D_n}{2L_n}$$

ado α

Aqui

τ = Razão geométrica e**τ** <1

L = Comprimento do dipolo

R = Distância do vértice ao elemento de dipolo

D = Espaçamento entre elementos de dipolo

σ	=	Fator de espaçamento, que relaciona a distância entre dois elementos adjacentes com o comprimento do elemento maior.
α	=	Metade do ângulo do vértice

Os parâmetros fundamentais de conceçãoτ eσ devem ser escolhidos para uma dada directividade. Para uma dada directividade, o espaçamento relativoτ e a Fig. geométricaσ devem estar relacionados com a Fig. 4.20.(a). Para uma dada directividade, podem ser encontrados os correspondentes σ_{opt} eτ . Para uma certaτ , se se pretender obter a directividade máxima, o raio dos elementos do dipolo, ou seja, o espaçamento entre os dipolos de um quarto de comprimento de onda, é proporcional ao fator de escala geométrica,τ , que é sempre inferior a 1. Os comprimentos dos dipolos são limitados por uma cunha de ângulo fechado 2.

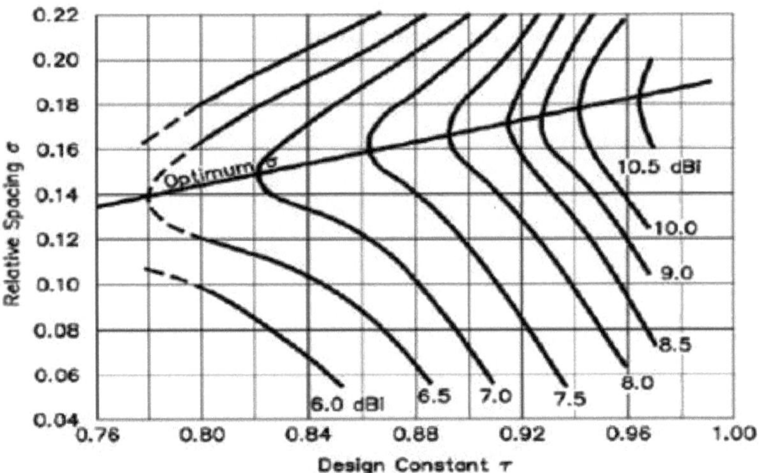

Fig :-70 Ganho LPDA em função de τ e σ.

σ_{opt} = 0,258τ -0,66 (3) e

α = 2tan (/4) $^{-11-\sigma}\sigma$ (4)

Bar=1,1+7,7(1-τ2) cotα . (5)

Na prática, uma estrutura com uma largura de banda ligeiramente maior, Bs, é normalmente concebida para atingir a largura de banda desejada, B. Estas larguras de banda estão interligadas por:

$$Bs = B \times Bar = B\ (1.1+7.7(1-\tau\ 2)\ \text{Cot}\ \alpha \qquad (6)$$

O comprimento de Boom da estrutura é definido entre o dipolo mais breve e o dipolo mais longo e é dado por

$$L = \frac{\lambda_{max}}{4}\ (1-B_s)\text{Cot}\alpha \qquad (7)$$

$\lambda_{max} = 2$ Lmax (8)

Projeto de uma Antena Periódica Logarítmica Planar

O LPA foi o primeiro cabo de receção sem recorrência que, logo após a sua origem, teve um efeito gigantesco nas aplicações comerciais e de construção em todo o mundo. Um fio de receção log-intermitente é caracterizado como um fio de rádio cujas propriedades eléctricas se alteram com o logaritmo da repetição. Se o fio de receção for descrito como uma estrutura cujas propriedades eléctricas contrastam descontinuamente com o logaritmo da repetição, pode ser obtida uma operação de várias décadas. Para realizar a execução requerida, é necessário estabelecer ligações numéricas comparativas com os parâmetros básicos do aparelho de receção. A antena tem uma adição sensível, uma barra fina e uma resistência de dados estável acima de uma ampla capacidade de transmissão de impedância. Este tipo de fio de rádio pode ser utilizado como parte de uma variedade de usos, por exemplo, sustentação para aparelhos de receção de reflectores, lentes e reconhecimento de sinais.

Geometria da Antena Periódica Logarítmica Planar

A Fig.4.21 (a) apresenta um caso típico de LPA dentada plana. O principal objetivo desta antena de conceção é cumprir determinadas especificações de conceção. O projeto de uma LPA planar com substrato é apresentado na figura

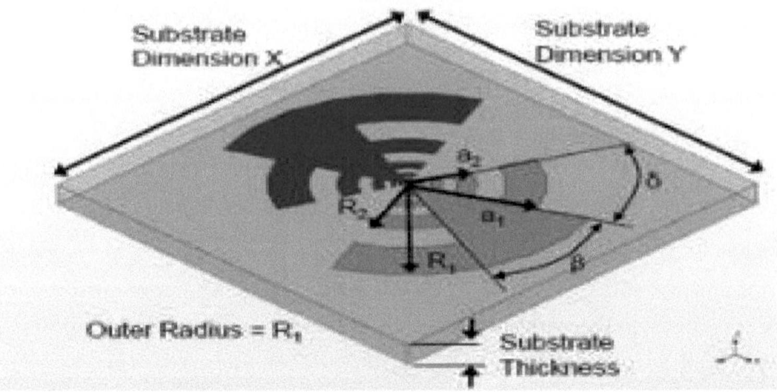

Fig :-71 Geometria da Antena Periódica Log Dentada Planar usando substrato.

A geometria da Antena Periódica Log Dentada Planar sem substrato é mostrada na Fig:-.

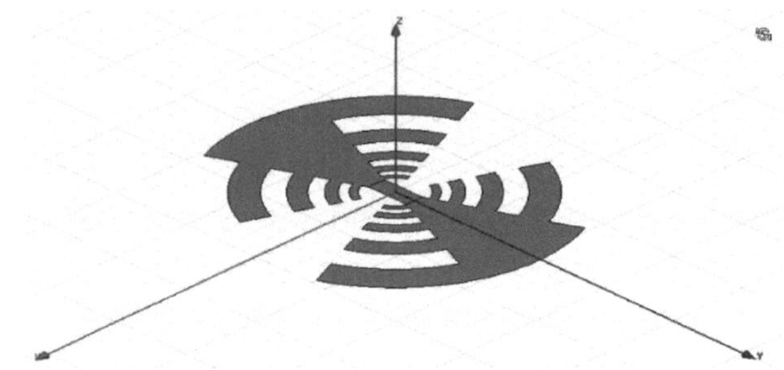

Fig:-72 Desenho da Antena Periódica Log Dentada Planar sem substrato

A figura representa a vista 3D da Antena Periódica Lógica Dentada Planar utilizando o HFSS. representa a largura da abertura da porta da LPDA .

$$\tau = \frac{R_{n+1}}{R_n} < 1$$

$$\sigma = \frac{a_n}{R_n} < 1$$

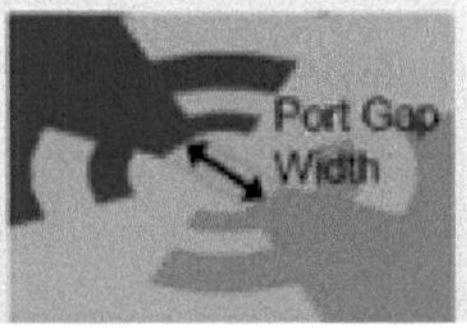

Port Gap
Width

Fig:-4.21 (c)

A antena proposta foi concebida para:

Frequência da solução	5 Ghz
Impedância da porta	50 Ω
Substrato	$\varepsilon r = 2.2$
Espessura	0,16 cm

Se o rácio de design é representado porτ e o fator de espaçamento médio é representado porσ , então estes factores sabem como ser escritos.

$$\tau = \frac{R_{n+1}}{R_n} < 1$$

$$\sigma = \frac{\alpha_n}{R_n} < 1$$

A configuração da antena periódica de registo pode ser descrita pelas suas especificações.

A tabela representa os parâmetros da antena log-periódica dentada plana.

Parâmetros	**Dimensões**
Largura do substrato (W)	12 cm
Comprimento do substrato (L)	12 cm
Raio exterior (R1)	5,239 cm
Tau (τ)	0.65
Sigma (σ)	0.81
Largura da abertura do porto	1,31 cm
Ângulo β	45 graus
Ângulo δ	45 graus

Este tipo de antena foi concebido para uma largura de substrato (W) de 12 cm e um comprimento de substrato (L) de 12 cm. Raio exterior (R1) de 5,239 cm e Tau (τ) de 0,65, Sigma (σ) de 0,81 e largura da abertura da porta de 1,31 cm. A antena foi concebida paraβ de 45 graus eδ de 45 graus.

Projeto de uma Antena Periódica Trapezoidal Logarítmica

A TLPA trapezoidal é um relatório modificado da antena espiral logarítmica. Esta modificação facilita a sua construção. Os limites de frequência inferior e superior correspondem aos dentes mais rápidos e mais breves individualmente, onde o dente tem aproximadamente um quarto de comprimento de onda na recorrência de trabalho relativa. Os limites de frequência são afectados pelas propriedades do material e pela sua espessura. Este tipo de antena pode ser utilizado em radar e comunicações como elemento de phased arrays e como alimentação primária para antenas do tipo refletor ou lente. Neste trabalho, foi efectuada a simulação de uma antena periódica trapezoidal com o software Ansoft HFSS.

Geometria da antena (TTLPA) Trapezoidal Denteada Log Periódica

A construção da antena proposta é ilustrada de seguida. O desenho da antena proposta com o seu substrato é apresentado na Fig. A geometria da antena proposta sem substrato é mostrada na Fig. A largura da abertura da porta é representada na Fig: Com o incremento dos movimentos da área dinâmica de recorrência para os dentes mais pequenos e à medida que a frequência diminui, a região ativa desloca-se para dentes mais largos.

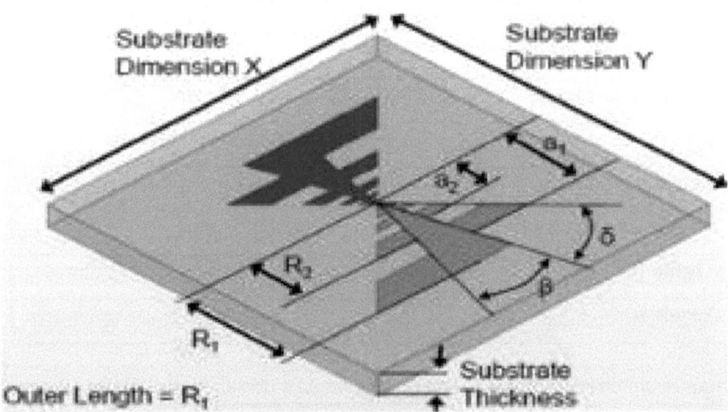

Fig Geometria do TTLPA utilizando substrato

A geometria da mesma antena sem substrato é apresentada na Fig. 4.19 (b). Nesta figura, a antena é projectada sem qualquer substrato.

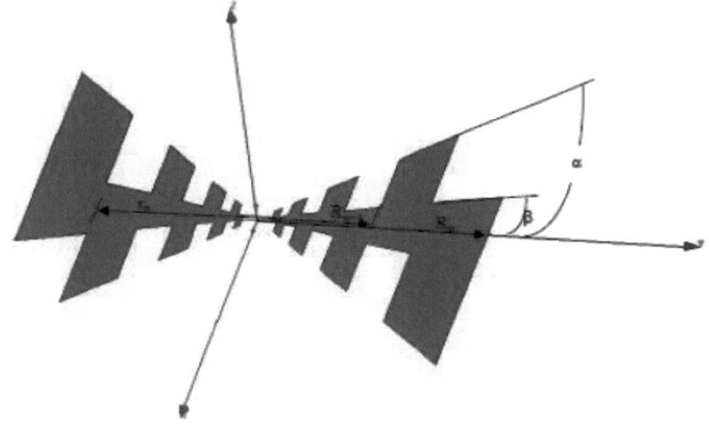

Fig: Geometria da antena sem substrato

Largura da abertura de porta da antena trapezoidal

Neste caso, a largura da abertura da porta da antena trapezoidal é apresentada na fig. 4.23.

Fig: Largura da abertura da porta da antena trapezoidal

A Tabela 4.2 representa os parâmetros básicos para o projeto da Antena Trapezoidal Denteada Periódica Lógica.

Parâmetros	**Dimensões**
Largura do substrato (W)	8,2 cm
Comprimento do substrato (L)	13 cm
Raio exterior (R1)	3,563 cm

Tau (τ)	0.7
Sigma (σ)	0.84
Largura da abertura do porto	0,89 cm
Ângulo β	60 graus
Ângulo δ	30 graus

Se o rácio de conceção for representado porτ e o fator de espaçamento médio for representado porσ , então estes factores podem ser escritos como.

$$\tau = \frac{R_{n+1}}{R_n} < 1$$

$$\sigma = \frac{\alpha_n}{R_n} < 1$$

Estas antenas foram projectadas utilizando o software HFSS.

Simulação de LPDA planar usando HFSS

A simulação do LPDA planar pode ser efectuada utilizando o software HFSS. A Fig. 4.24(a) representa o gráfico x-y do LPDA.

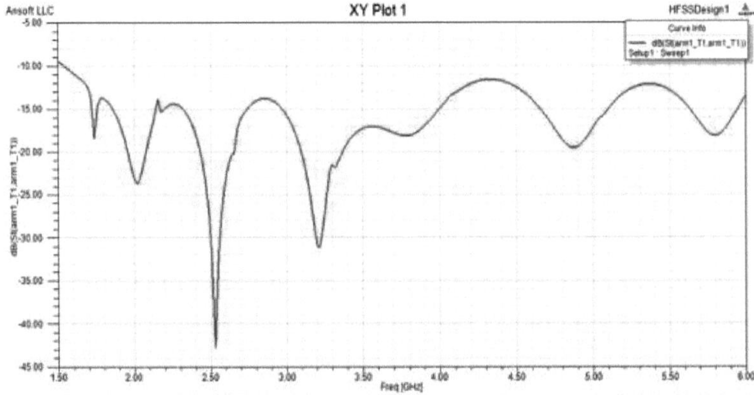

Fig: mostra o gráfico X-Y da LPDA

A Fig :- 4.24(a) mostra o gráfico X-Y do LPDA. O ganho do LPDA a 5 GHz é mostrado na Fig :- 4.24(b).

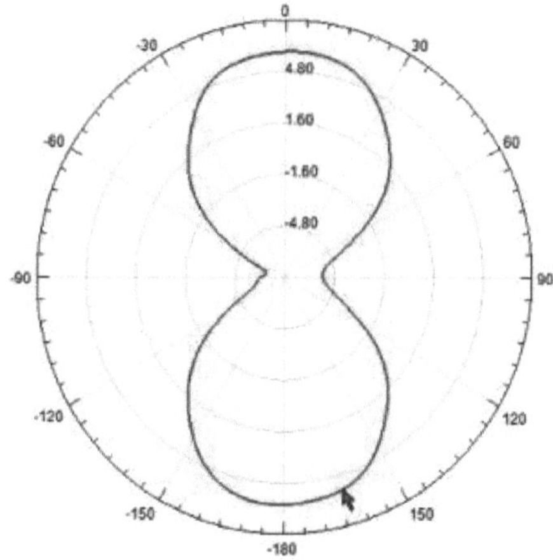

Fig : Ganho do LPDA a 5 GHz

Simulação de LPDA trapezoidal usando HFSS

A simulação do LPDA trapezoidal pode ser efectuada utilizando o software HFSS. O gráfico X-Y do LPDA trapezoidal é apresentado na Fig:- 4.25(a)

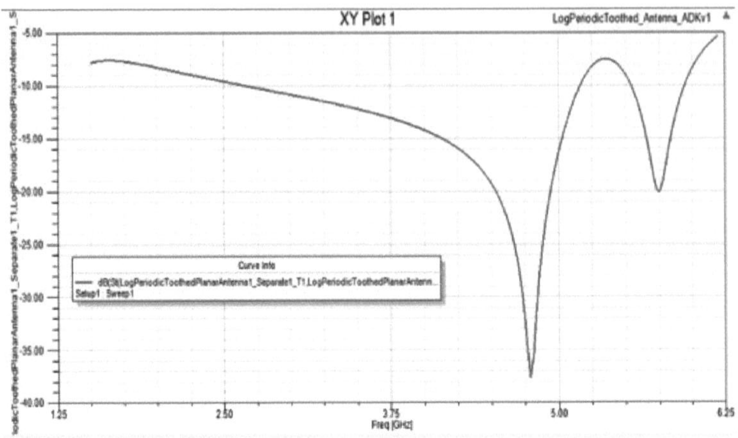

Fig (a) Plotagem X-Y da LPDA trapezoidal

O ganho do LPDA a 5 Khz é apresentado na fig. 4.25 (b). O padrão de radiação do LPDA trapezoidal é apresentado na fig. 4.25 (b).

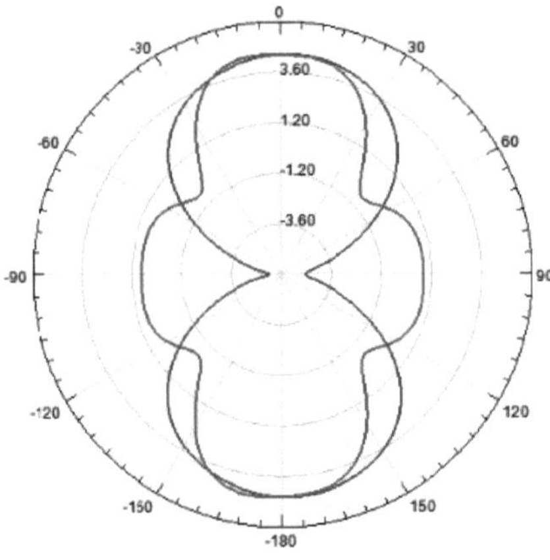

Fig (b) Ganho do LPDA Trapezoidal a 5Ghz

A antena foi projectada para uma frequência de 5KHz. A mesma antena pode ser projectada para outra gama de frequências. As restrições de projeto são apresentadas no quadro 4.2. As restrições de conceção do conjunto de antenas são apresentadas a seguir:

Objetivo	Desenvolver uma solução compacta de matriz de antena de localização de direção com feixe fixo para utilização entre 700 MHz e 6 GHz.
Tamanho da matriz	<= Ø 1m
Ganho	>=5dBi
Peso	<=5kg.
Polarização	Utiliza antenas com polarização oblíqua. Trata-se de um compromisso para permitir a interceção de sinais HP, VP, LHCP e RHCP.
Manuseamento de potência	Destinado apenas a aplicações de receção. (Potencialmente pode ser utilizado para aplicações de transmissão de baixa potência).
Funcionamento	• Modo omnidirecional para detetar alvos circundantes (todas as antenas combinadas e alimentadas em fase). • O DF de feixe fixo é utilizado para fornecer uma capacidade de localização de direção rápida e aproximada através da comutação entre elementos de antena. • São possíveis técnicas de orientação eletrónica do feixe para uma DF mais precisa.
Mecânica	• Utiliza um mínimo de peças móveis. • Utiliza um design dobrável que é resistente a vibrações e choques mecânicos.
Ambientes operacionais	Funciona em ambientes exteriores agressivos quando utilizado com uma estrutura aleatória adequada.
Aplicações	Destinado a ser utilizado num UAV. Também pode ser utilizado em terra (montado num veículo) ou em ambientes marítimos (montado num mastro de um navio).

A antena Log-periódica foi selecionada como a antena de escolha para ser adaptada para utilização na matriz, devido às seguintes propriedades

1. Estrutura de antena de banda larga e direcional.

2. Ganho plano e largura de feixe consistente com a frequência.

3. Centro de fase que se desloca linearmente ao longo da barra com o comprimento de onda.

Um centro de fase de seguimento linear é uma propriedade útil num conjunto DF circular de banda larga, uma vez que permite que os centros de fase ao longo de cada antena do conjunto sejam espaçados a uma distância eléctrica constante (aproximadamente) entre si em termos de comprimentos de onda ao longo da banda de frequência de funcionamento do conjunto. Isto produz um comportamento consistente em toda a banda de frequência.

A antena de ranhura Vivaldi mencionada anteriormente foi usada anteriormente pela Roke Manor Research para matrizes DF em frequências mais altas. A antena Vivaldi foi excluída para este projeto porque o centro de fase não segue linearmente ao longo da estrutura da antena. A antena Vivaldi irradia mais fortemente a partir do ponto ao longo do alargamento, onde a largura da ranhura é igual aλ s/2. Se considerarmos um conjunto circular de antenas Vivaldi todas apontando para o exterior, então os elementos teriam de ser alimentados a partir do centro do conjunto. A estratégia de esboço de um componente de fio de receção Log-intermitente solitário começou por utilizar o procedimento de conceção, seguindo os passos dados por Balanis. O primeiro passo consistiu em determinar os melhores valores do fator de escala, τ e do fator de potência, τ

Espaçamento relativo ótimo, *opt* σ, a utilizar no projeto da antena. As variáveis utilizadas para o dimensionamento de uma antena com diferentes ganhos projectados são apresentadas na Tabela 4.2.

Tabela 4.3 : Valores deτ e opt σ utilizados para as antenas periódicas Log

Ganho da antena	Espaçamento relativo ótimo σ (opt)	Fator de escala,
7.0	*0.135*	*0.75*
7.5	*0.145*	*0.83*
8.0	*0.160*	*0.86*
8.5	*0.165*	*0.89*
9.0	*0.170*	*0.91*

9.5	*0.175*	*0.93*
10.0	*0.178*	*0.94*
10.5	*0.180*	*0.95*
11.0	*0.182*	*0.96*

O projeto foi abordado calculando primeiro as variáveis para uma família de elementos de antena periódica Log de espaço livre com ganhos que variam entre (7 - 11dB); para investigar o que pode ser alcançado com antenas implementadas no espaço livre dentro das restrições de espaço disponíveis (Ver Tabela 4.4).

Tabela 4.4: Parâmetros de projeto para uma família de antenas Log-Periódicas 700MHz - 6 GHz concebidas com diferentes ganhos.

Ganho de antena (dBi)	**Largura do feixe (*)**	**Número de elementos**	**N.º de antenas necessárias**	**Comprimento (m)**	**Min. Diâmetro do feixe (m)**
11	*57.2*	*79*	*6*	*2.40*	*4.80*
10.5	*60.6*	*54*	*6*	*1.61*	*3.22*
10	*64.2*	*49*	*6*	*1.41*	*2.82*
9.5	*68.0*	*36*	*5*	*1.00*	*2.00*
9	*72.1*	*29*	*5*	*0.76*	*1.52*
8.5	*76.3*	*25*	*5*	*0.64*	*1.28*
8	*80.9*	*20*	*4*	*0.47*	*0.94*
7.5	*85.7*	*15*	*4*	*0.33*	*0.66*
7	*90.7*	*13*	*4*	*0.26*	*0.52*

Decidiu-se utilizar um elemento de antena periódica Log de ganho de 7dBi para o conjunto, a fim de manter o tamanho da antena reduzido e reduzir ao mínimo o tempo de desenvolvimento. A utilização de antenas de maior ganho é possível, mas em detrimento do tamanho e da complexidade globais do conjunto.

O processo de conceção utilizou uma folha de cálculo com as equações básicas de conceção definidas por Balanis. Isso nos deu a flexibilidade de reprojetar rapidamente a antena com um conjunto diferente de variáveis. Para o nosso projeto, os valores de τ e *opt* σ utilizados para uma antena com ganho de 7dBi foram (_=0,75 e *opt* σ=0,135).

Um conjunto fabricado com 8 antenas de 7dBi implementadas no espaço livre cabe num cilindro com pouco mais de 0,55m de diâmetro por 0,212m de altura. Após completar o desenho do elemento da antena, o desenho foi modelado no Código Eletromagnético Numérico (NEC) utilizando elementos de fio no espaço livre. Este modelo foi depois duplicado e utilizado para criar um conjunto circular de oito antenas logarítmicas periódicas idênticas. Os resultados da simulação do NEC mostraram que são obtidos ganhos de avanço ligeiramente superiores em frequências mais baixas com o conjunto, em comparação com uma única antena modelada isoladamente. É provável que tal se deva ao acoplamento comum com os componentes próximos do aparelho de receção. Para evitar que as antenas interajam fortemente umas com as outras, o volume na região do campo próximo tem de estar livre de obstruções. Regra geral, a distância do centro de fase ao bordo da área próxima da vista é dada por

$$d = 2D\, /^{2}\lambda \quad (1)$$

(1) A variável D é a dimensão máxima do elemento da antena (comprimento do elemento do dipolo radiante). Durante as simulações NEC, o conjunto foi modelado posicionado 0,2 m acima de um plano de terra. Durante as simulações NEC, o conjunto foi modelado posicionado 0,2 m acima de um plano de terra, para representar um cenário de montagem semelhante ao do conjunto quando montado por cima da fuselagem de um UAV. Os resultados da simulação NEC mostraram um aumento do ganho máximo (~+2-3dB) e uma elevação do lóbulo principal para aproximadamente ~15° acima do horizonte.

Após a conclusão do trabalho no modelo NEC, iniciou-se o desenvolvimento de um projeto de antena implementado em PCB mais prático, adequado à nossa aplicação final, utilizando o solucionador Ansoft HFSS. Isto exigiu uma série de alterações na geometria do projeto. Por exemplo, os elementos de haste são substituídos por trilhas de microfita (sem um plano de terra), e uma linha de microfita balanceada é usada para o arranjo da linha de transmissão. O modelo HFSS é apresentado na Fig .

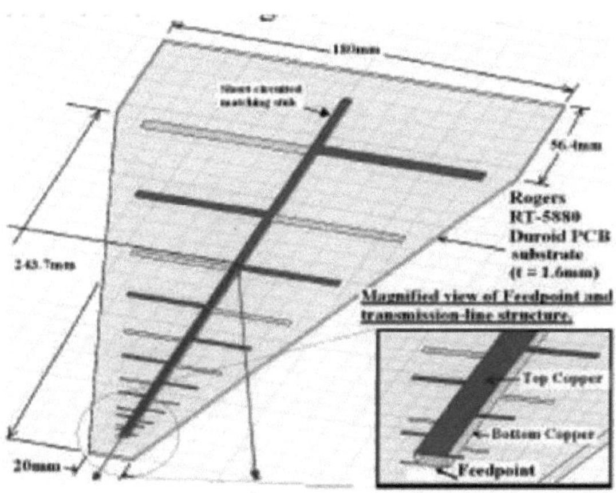

Fig Representação HFSS como um elemento único com dimensões maiores

Todos os comprimentos e espaçamentos dos elementos tiveram de ser reduzidos para implementação num substrato de baixa permissividade (Rogers RT5880 Duroid).

Comprimentos dos elementos de espaço livre, L_{fs} quando escalados utilizando a equação (2):

$$L_s = L_{fs} (\sqrt{\varepsilon_{eff}})^{-1}$$

A permissividade efectiva *eff* ε foi determinada através da simulação e medição da frequência de ressonância de um stubλ /4 implementado no mesmo substrato utilizando o HFSS e, em seguida, utilizando-o para calcular *eff* ε .

Foi mais difícil encontrar o fator de escala correto para escalar os espaçamentos entre elementos. Algumas dicas foram obtidas a partir de outros projectos periódicos Log implementados em PCB discutidos em [3] e [4]. Isto foi determinado experimentalmente com um modelo HFSS de antena única no HFSS para encontrar o fator de escala global que deu resultados aceitáveis. O fator de escala de quase 0,9 foi utilizado para o desenho do protótipo.

Sabe-se que esta não é a solução óptima, uma vez que eff ε é uma função da largura da pista, e a largura do traço de cada elemento torna-se mais estreita para preservar a relação l/d do elemento, tal como utilizado na conceção do espaço livre.

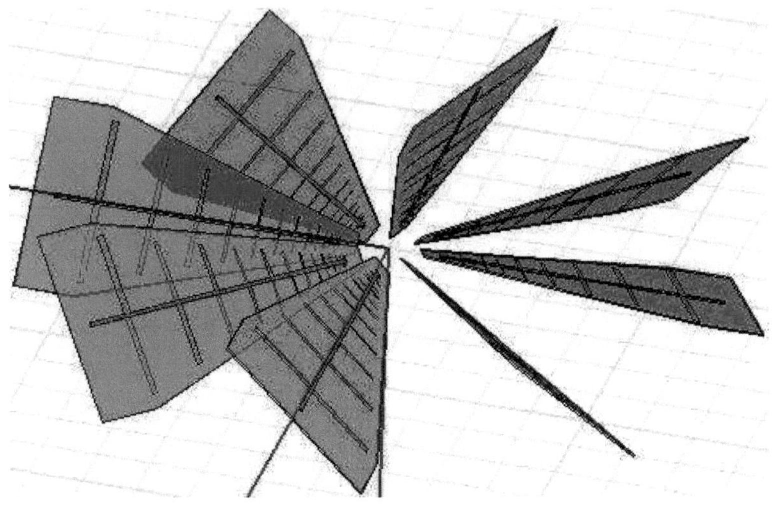

Fig:- Matriz do LPDA

A antena à escala com a nova geometria foi modelada e simulada utilizando o solver eletromagnético Ansoft HFSS para determinar a perda de retorno e prever os padrões polares irradiados. A cópia da coleção da antena é mostrada na Fig

Após uma série de iterações para otimizar os espaçamentos dos elementos, os gráficos do padrão polar simulado mostraram ganhos de avanço de aproximadamente 7dBi em diferentes frequências de teste entre 700MHz e 6GHz, com uma relação simulada entre a frente e o verso geralmente superior a 10dB.

Durante as medições, notou-se alguma interação entre os elementos da antena, especialmente nas frequências de ensaio mais baixas, em que a região do campo próximo tinha sido ultrapassada. Os gráficos do padrão de radiação medidos mostraram que o ganho máximo foi obtido na direção do furo, mas também que estão presentes algumas reflexões de baixo nível dos outros elementos de antena do conjunto posicionados fora do furo. As medições efectuadas em elementos de antena opostos do conjunto revelaram um isolamento de 20 dB ou superior e cada elemento de antena tem uma perda de retorno superior a 10 dB em toda a banda.

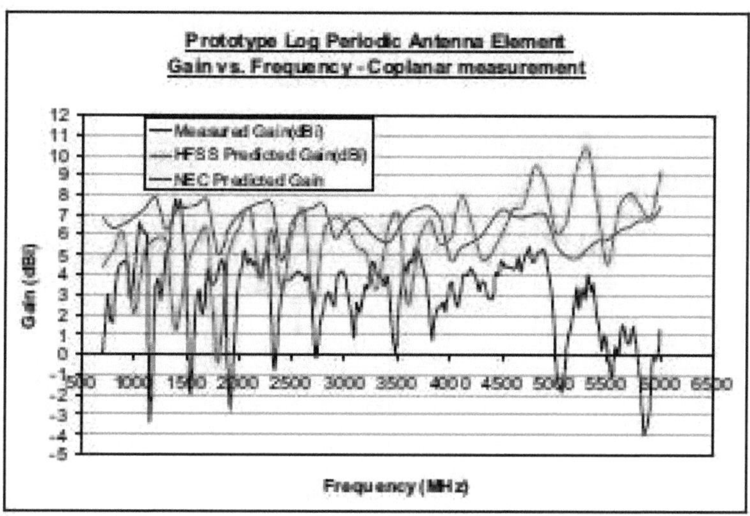

Fig. 4.28: Gráfico que compara o ganho de visão do furo medido pelo protótipo com os ganhos previstos pelo HFSS e pelo NEC.

O gráfico apresentado na Fig. 4.28 compara os ganhos simulados do HFSS e do NEC com os ganhos medidos. As discrepâncias entre a simulação e a medição devem-se a perdas na linha de alimentação de ~1 dB e a perdas de polarização oblíqua de ~3 dB relativamente à antena de referência da câmara anecóica, que não são tidas em conta no traço medido.

Otimização e Simulação HFSS :-

Modelação:-

O HFSS é um sistema de teste de campo eletromagnético de onda completa (EM) de elite. O método de elementos limitados (FEM), a rede versátil e as ilustrações esplêndidas são utilizados para fornecer uma execução e um conhecimento inigualáveis à maioria dos problemas EM 3D. Parâmetros, por exemplo, parâmetros S, frequência ressonante e campos podem ser calculados utilizando o Ansoft HFSS. O fio de rádio pode ser destinado a uma gama de recorrência mais baixa, por exemplo, 200MHz-400MHz, o VSWR é inferior a 2, o aumento é mais notável do que 7dBi e o tamanho é inferior a 1,5m. A técnica de configuração convencional deve ser testada mais do que uma vez, fazer correcções hipotéticas, alterar os parâmetros eléctricos e, eventualmente, obter os resultados desejados. Seja como for, exige uma grande quantidade de investimentos e de recursos. A melhoria do arranjo por meio do HFSS investigado neste artigo poupa o custo elevado exigido pela metodologia tradicional.

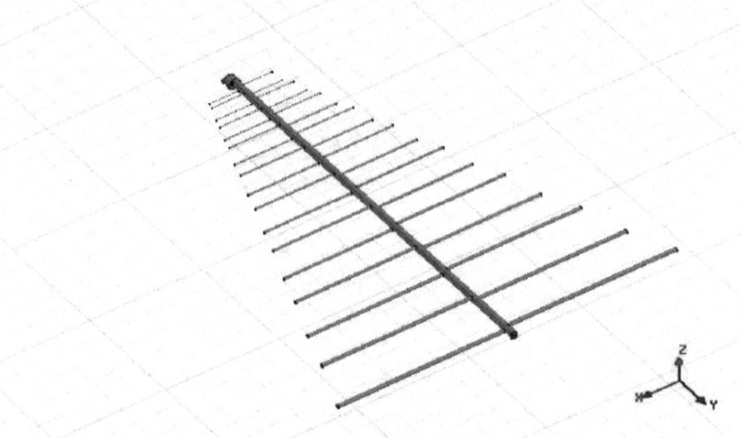

Fig 4.29 o modelo de LPDA

No meio do tempo gasto com a diversão HFSS, considerando que a repetição de trabalho está na banda VHF e micro-ondas, e os holofotes presentes na superfície do executivo, a linha de alimentação e o poste do modelo podem ser mais por metal forte. A Fig.4.29 demonstra o modelo feito pelo HFSS

Otimização e Simulação

Para apoiar o arranjo e a mudança subsequentes, os parâmetros essenciais e do LPDA são definidos como variáveis. Como o incremento é necessário mais essencial do que 7dBi, e considerando tanto quanto possível pode ser escolhido no intervalo de valor [0,88, 0,92] e o correspondente entre o intervalo [0,06, 0,08]. A chave é a forma de escolher a melhor disposição destes parâmetros que satisfaça as necessidades. Neste sentido, podemos canalizar os parâmetros e, através das definições dos parâmetros, selecionar a melhor relação após a relação; ou comprimir exclusivamente os parâmetros e, pouco tempo depois, inferir o valor perfeito, pensando na forma como os exemplos de torção da marca eléctrica, por exemplo, VSWA, mudam.

O espaço entre os pólos tem um impacto evidente na impedância de informação do dispositivo de recolha. No diagrama HFSS, podemos definir esta variável como uma variável de progressão. Dada uma extensão de qualidades de tempo, necessidades definidas, (por exemplo, VSWR<2), a estrutura procurará os planos que satisfazem as condições. A escolha de desenvolver a reconstituição do passado, se os planos de jogo que atendem às condições no intervalo de tempo dado são excessivamente, é monótono e, além disso, os resultados dificilmente podem ser os melhores. Após a limpeza e a racionalização, finalmente escolhemos .

Resultados da simulação de dados experimentais

O VSWR do PLDA, reproduzido pelo HFSS, é apresentado na Fig. 4.30. O VSWR na banda 100MHz-600MHz é inferior a 2.

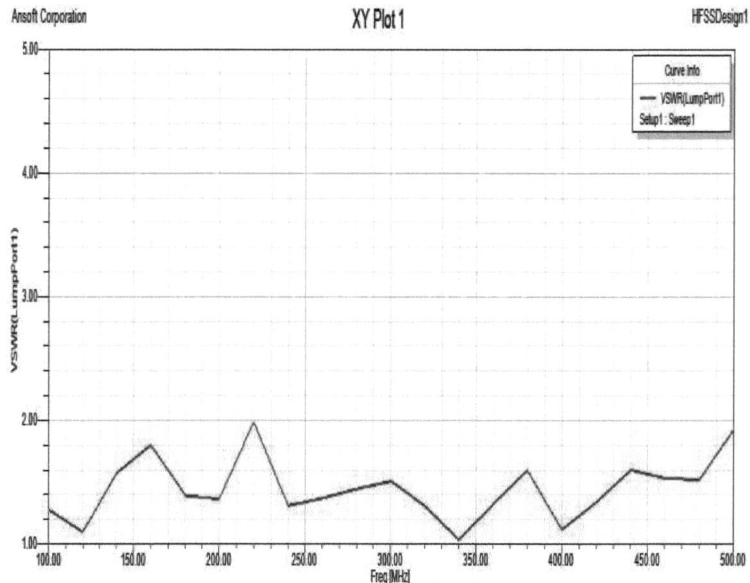

Fig 4.30 VSWR do LPDA

Experimentámos o fio de rádio experimental criado de acordo com os parâmetros acima referidos. A Tabela 4.5 demonstra a adição de algumas informações de teste e os resultados da reencenação.

	Ganho de LPDA			
Frequência (MHz)	200	300	400	500
Resultado da simulação (dBi)	7.30	7.33	7.15	7.09
Dados de teste (dBi)	7.45	7.52	7.43	7.33

A Tabela 4.5 demonstra a grande coerência entre os resultados da recriação e os resultados dos testes. A qualificação de captação é inferior a 0,5dBi, e as adições experimentadas são todas superiores a 7dBi, satisfazendo as necessidades de configuração. O exemplo de radiação do plano H é apresentado na Fig. 4.31. O resultado demonstra que o LPDA tem um lugar com o aparelho de receção de fim-de-fogo cujo maior rumo de transmissão está ao longo dos postes do mais longo para o mais limitado. O aparelho de receção tem uma pequena projeção lateral quando trabalha com baixa recorrência, enquanto que com a recorrência a aumentar, a projeção lateral torna-se mais evidente.

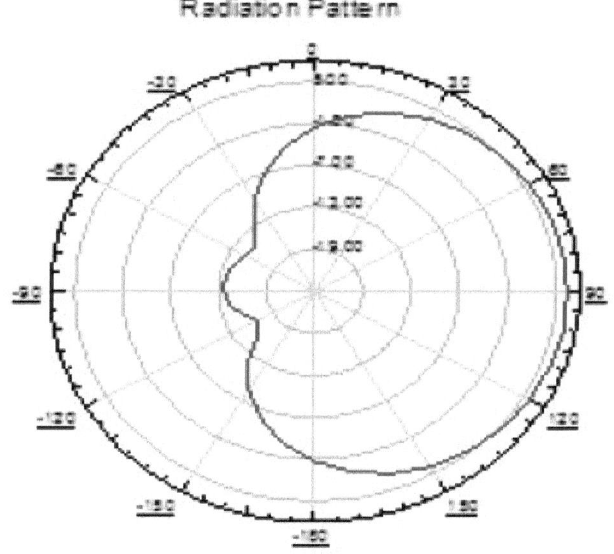

(a) 100MHZ

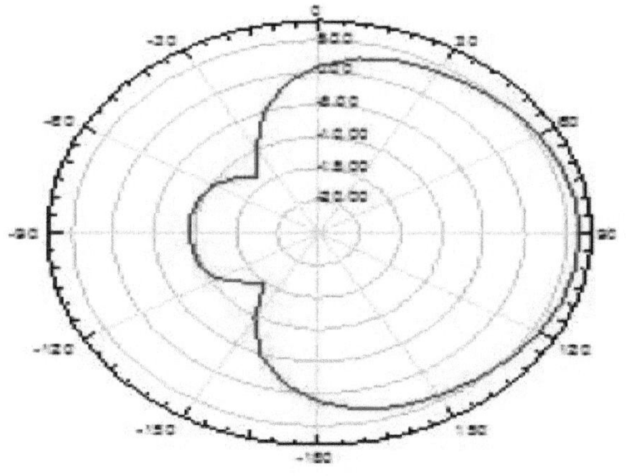

(b) 200MHZ

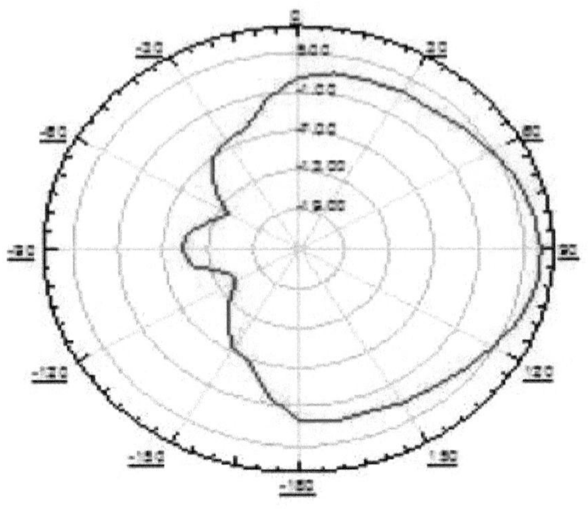

(c) 400MHZ

(d) 500MHZ

Fig:- Padrão de radiação do plano H

Os resultados do desvio considerando o HFSS têm uma consistência OK com os dados dos ensaios de teste, pelo que a configuração do fio recetor cumpre os requisitos essenciais do projeto. Os sistemas de projeto habituais requerem geralmente a conformidade teórica e de ensaio, o que exige muito tempo e recursos. Na reencenação do HFSS e na alteração do projeto, a apresentação do fio de rádio é simples e natural, consome menos tempo e a exatidão é maior.

Exemplo de superfície selectiva de recorrência de HFFS:-

Células unitárias para recriações de superfícies particulares de recorrência (FSS) podem ser construídas utilizando limites tingidos e duas portas Floquet, com uma porta sobre o plano da estrutura e uma porta por baixo. As excitações ligadas são os próprios modos Floquet, normalmente um ou ambos os modos especulares. Como efeito imediato do arranjo do campo, as propriedades de reflexão e transmissão da FSS são lançadas tanto quanto as passagens Smatrix processadas que inter-relacionam os modos Floquet. Isto é bastante diferente da configuração de reprodução quando PMLs ou limites de radiação são utilizados para terminar a célula unitária. Nestes casos, não obstante a configuração do limite, uma ou mais ondas episódicas são caracterizadas independentemente como a excitação. As propriedades de transmissão e reflexão da FSS são então naturalmente calculadas para o cliente como uma operação de pós-preparação no arranjo de campo.

Modelo ilustrativo O caso a considerar é o de uma grelha de orientação que contém uma secção transversal rômbica de aberturas de rotundas. A geometria da grelha é apresentada na figura, na qual um par de vectores da secção transversal são atraídos a azul. A aresta entre os vectores da grelha é de 60 graus.

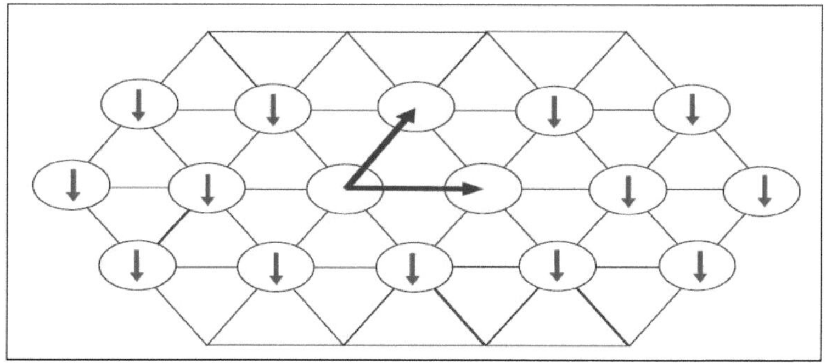

Modelo de superfície selectiva de frequência

Considere uma onda plana que ocorre normalmente no ecrã com a polarização ajustada, como demonstrado pelos parafusos vermelhos na Fig. A extensão do infortúnio de transmissão e o estágio como um elemento de recorrência são as quantidades de hobby. A banda de recorrência é de 8 a 20 GHz. Foi feito um modelo simples de célula unitária que aparece na Fig. 2. Os comprimentos dos divisores laterais são de 1,73 cm, a medida da abertura da rotunda é de 1,2 cm e a célula tem 4

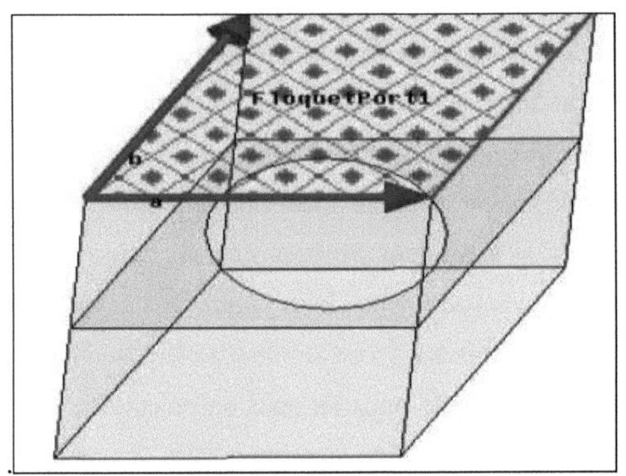

Célula unitária para rede rômbica

Distribuir os limites do mestre e do escravo:- Distribuir os limites do mestre e do escravo para o elemento do losango como se segue.

1 Seleccione a face que aparece na figura e clique em HFSS>Boundaries>Assign>Master... por outro lado, toque com o botão direito em Boundaries na árvore do projeto e seleccione Assign>Master...

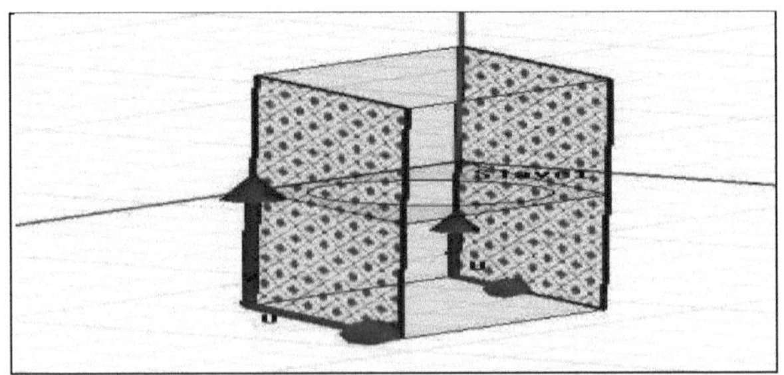

Modelo de superfície selectiva de frequência

Na caixa de diálogo Limite principal, para o Vetor V, marque a caixa para Percurso inverso e OK para fechar a caixa de diálogo.

4 Seleccione a face inversa e HFSS>Boundaries>AssignSlave... depois toque novamente com o botão direito do rato em Boundaries na árvore do projeto e seleccione Assign>Slave... A caixa de diálogo Slave aparece com o separador General escolhido.

5 Seleccione Master1 como o limite principal.

6 Desenhar o Vetor U como aparece. Confirmar as definições alternativas e OK para fechar a caixa de diálogo.

7 Repita a técnica para os limites Master2 e Slave 2, como mostrado. A principal diferença é que, para o limite Master2, não se verifica a caixa de diálogo Inverter direção para o vetor V

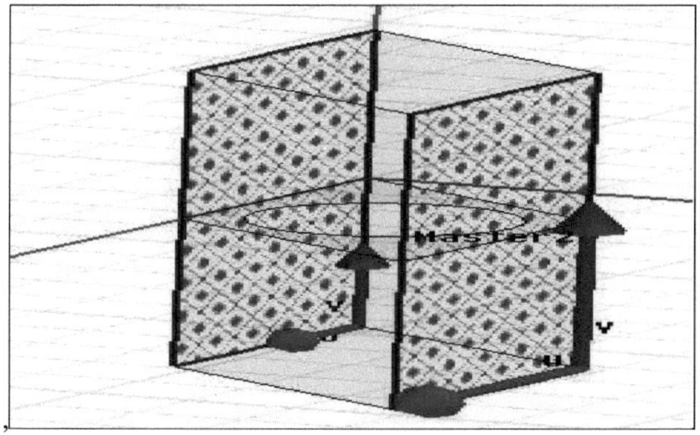

d Modelo de superfície selectiva de frequência

CAPÍTULO 3 - RESULTADOS E CONCLUSÕES

Resultado

Neste livro, o LPDA foi projetado com sucesso utilizando o software HFSS.

Conclusão

O projeto de uma Antena Dipolo Log-Periódica (LPDA) utilizando o software High-Frequency Structure Simulator (HFSS) envolve um processo meticuloso destinado a obter um desempenho ótimo numa vasta gama de frequências. As LPDAs são conhecidas pelas suas capacidades de banda larga, tornando-as essenciais em aplicações que vão desde as telecomunicações à radioastronomia.

O processo de projeto começa normalmente com a definição das especificações, tais como a gama de frequências pretendida, o ganho e os requisitos de correspondência de impedância. O HFSS facilita a criação de um modelo geométrico preciso do LPDA, permitindo que os engenheiros afinem parâmetros como o comprimento dos elementos, o espaçamento e o afunilamento para obter as características eléctricas desejadas.

A simulação no HFSS permite aos engenheiros analisar o desempenho da antena sob várias condições, incluindo diferentes frequências e factores ambientais. Ajustando iterativamente os parâmetros de design e avaliando os resultados da simulação, os engenheiros podem otimizar a LPDA para obter métricas de desempenho melhoradas, como a largura de banda, a directividade e o padrão de radiação.

Além disso, o HFSS fornece ferramentas para a correspondência de impedâncias e a modelação de padrões de radiação, cruciais para garantir uma transferência de energia eficiente e as características de cobertura desejadas. As funcionalidades avançadas, como os algoritmos de otimização, simplificam ainda mais o processo de conceção, automatizando os ajustes dos parâmetros para atingir os objectivos especificados, poupando tempo e recursos.

Quando o projeto cumpre os critérios de desempenho através da simulação, os engenheiros podem proceder ao fabrico e teste de protótipos físicos, validando os resultados simulados e efectuando os ajustes necessários. A integração do HFSS no projeto LPDA não só acelera o processo de desenvolvimento, como também permite a criação de antenas com desempenho e fiabilidade superiores em diversas aplicações.

REFERÊNCIAS

- **A. A. Gheethan e D. E. Anagnostou**, et.al;(2008) :-Reduced Size Planar Log Periodic Dipole Arrays (LPDAs), volume:-34, page:-123-145
- **A. Cardama**,et.al;(1998):- A conduta da fractalantena multibanda de Sierpinski, volume:- 46, Página No-.517 - 524 1998
- **A. Erentok and R. W. Ziolkowski**,et.al;(2007):- A crossover enhancement technique to break down metamaterial-based electrically little receiving wires, volume:- 673, page:- 562-567
- **A. Ferrero e U. Pisani**, "Calibração de analisador de rede de duas portas usando um 'Thru' desconhecido", IEEE Microw. Guided Wave Lett., Vol. 2, No. 12, Pp. 505-507, Dez. 1992.
- **A. James, L. T. Pitzer**, , B. Gary, and A. J. Terzuoli,et.al;(2006):- Linear Ensemble Antennas Resulting From the Optimization of Log Periodic Dipole Arrays, volume:- 23, page:- 232-236.
- **A. V. Oppenheim And R. W. Schafer**, Discrete-Time Signal Processing. Englewood Cliffs, NJ: Prentice-Hall, 1989, Pp. 447-448.
- **A. Van.de. Capelle**,et.al;(1984):- Accurate transmission-line model for the retangular smaller scale strip reception apparatus, volume:- 564, page:- 894-887.
- **A.Salinas**,et.al;(1994):- Time-space investigation of dielectriccoatedwire receiving wires and scatterers, volume:- 23, page:- 1323-1345.
- **Ahmad A. Gheethan**(2005) Matrizes de dipolo log-periódico planar de tamanho reduzido (Lpdas) utilizando elementos rectangulares de linha de meandro Volume:-9, Página:-324-334.
- **Amandeep Bath** (2014) Analisando os diferentes parâmetros da antena dipolo, Vol. 1, Spl. Issue 1 (março de 2014)

- **Ayman Mahrous** (2011-2012) Space Weather Monitoring: Eventos recentes detectados pelo CALLISTO-SWMC durante 2011-2012.Volume:- 1234, Página:- 2432-3123.
- **B. Eissfeller, G. Ameres e V. Kropp**, et.al;(2007):- D. Sanroma, Performance of GPS, volume:- 21, page:- 564-587.
- **B. R. Rao e M. A. Smolinski**, et.al;(2003):- Triple band GPS trap stacked transformed L reception apparatus exhibit, volume:- 98, page:- 763-72
- **B. Wang, A. Chen, & D. Su**, et.al;(2008):-An Improved Fractal Tree Log Periodic Dipole Antenna, volume:-9, page:-324-334.
- **Bahl, I. J., and Bhartia, P.**,et.al;(1980):- Microstrip Antennas, volume:- 32, page:- 2003-2115.
- **C. A. Balanis**, Antenna theory,et.al(2008):- Analysis and Design, volume:- 3, page:- 24-34.
- **C. Balanis**, Antenna Theory: Analysis And Design, 2nd Ed. Nova Iorque: Wiley, 1997.
- **C. Camacho.Penalosa e C. Caloz**, et.al;(2006):- Aparelho de receção de ondas quebradas compostas direita/esquerda de elevado aumento dinâmico, volume:- 234, página:- 353-345.
- **C. Goutelard**,et.al;(1999):- Hipótese fractal de grandes variedades de fios de rádio lacunares, volume:- 3, página:- 56-70.
- **C. M. Knop**, "On Transient Radiation From A Log-Periodic Dipole Array, "IEEE Trans. Antennas Propag., Vol. 18, Pp. 807-808, Nov. 1970.
- **C. Peixeiro e A. Moreira**,et.al; (2004) "Double Band Miniaturized Microstrip Fractal Antenna for a Small GSM1800 + UMTS Mobile Handset, volume:- 34, page:- 453-845.
- **C. Puente e J. Romeu**, et.ai;(1983):- Perturbação do aparelho de receção de Sierpinski para atribuição de grupos de trabalho, volume:- 32, página:- 2186 - 2188
- **C. Puente and R. Pous**,et.al;(2005):- Fractal outline of multiband and low side-projection exhibits, volume:- 765, page:733-985.

- **C. Puente, J. Claret**, acute,pez-Salvans, e R. Pous,et.rl:- Propriedades multibanda de um aparelho de receção em árvore fractal produzido por afirmação eletroquímica, volume:-234, página:-2253-2345.
- **C. Puente, J. Romeu**,et.al;(1994):- Fractal multiband radio wire in view of the sierpinski gasket, volume:- 123, page:- 12344-1212.
- **C. Puente, M. Navarro e J. Romeu**, et.al;(1983):- Variação do fractal do aparelho de receção de Sierpinski flareangle, volume:- 23 página 2340-2343
- **C. T. P. Tune e P. S. Hall**, et.al;(1999):- Fio recetor monopolar de Sierpinski com separação de banda controlada e impedância incluída, volume:- 567, Page No:- 1036 - 1037
- **C., J. Romeu e R. Pous**, et.al;(1998):- Sobre a conduta do fio recetor fractal de Sierpinskimulti-banda, volume:- 23124, página:1234-1287.
- **D. Camell, T. Johnk, D. Novotny, e C. Grosvenor**, "Free Space Antenna Factors Through The Use Of Time-Domain Signal Processing," Conformity Mag., Vol. 12, No. 9, Pp. 12-21, Sep. 2007.
- **D. E. Anagnostou, J. Papapolymerou, C. G. Christodoulou, and M. Tentzeris**,et.al;(2006):- A Small Planar Log-Periodic Koch-Dipole Antenna" volume:- 6, page:- 368-453
- **D. G. Morris and K. Yegin, N. F. Bally**,et.al;(2006):- Patch Antenna with Parasitically Enhanced Perimeter, volume:- 334, page:7453-855.
- **D. G. Morris and N.F.Bally**,et.al;(2005):- Integrated GPS and SDARS Antenna, volume:- 534, page:- 353-397.R. Garg, P. Bhartia,et.al;(2000):- Micro strip Antenna Design, volume:- 234, page:- 2622-2646.
- **D. H. Schaubert e D. M. Pozar**, et.al;(1995):- Micro strip Antennas: The Analysis and Design of Micro strip Antennas and Arrays, volume:- 11, page:- 4322-4352.
- **D. H. Werner and P. L. Werner**,et.al;(1996):- Frequency free elements of self-comparable fractal reception apparatuses, volume:- 21, page:- 653-745.

- **D. L. Jaggard and Y.Kim**.et.ai;(1986):- The fractal randomarray, volume:- 74, Page:- 1278 - 1280
- **D. L. Jaggard**,et.al;(1993):- Prologue to exceptional area on fractals in electrical designing, volume:- 81,page No:- 1423 - 1427
- **D. M. Pozar**, et.al;(1986) "A correspondence strategy for examination for printed opening and space coupled smaller scale strip receiving wires, volume:- 876, page:- 6543-6531.
- **D. Pozar and S. M. Duffy**,et.al;(1997):- A Dual-Band Circularly Polarized Aperture-Coupled Stacked Micro strip Antenna for Global Positioning Satellite, volume:- 834, page:- 4423-4456.
- **D. Pozar**,et.al;(2004):- Microwave Engineering ,volume:- 23, page:- 23-34.
- **D. R. Jackson and J. T. Williams**, et.al;(1991):- A correlation of CAD models for radiation from retangular small scale strip patches, volume:- 734, page:- 3524-3432.
- **D. Wake and D. Moodie**,et.al;(1997):- Future incorporated remote correspondences system, volume:- 234, page:- 106 - 112.
- **D.E. Isbel**, "Log Periodic Dipole Antennas," IRE Trans. Antennas & Propagation, Vol. AP-8, Pp. 260-267, maio de 1960.
- **D.Wake**,et.al;(2001):- Aparelho de receção fractal multibanda Sierpinski Perturbado com estratégia de reforço melhorada, volume:- 311, página:- 4547-4588
- **Dr. G. Karunakar** (2014) Análise de antenas fractais triangulares de microfita para aplicações sem fios, Vol. 2, Edição 12, dezembro de 2014
- **Erzin, Salih Serhat**,et.al; (1991):- Avaliação do alcance da câmara anecóica em Aselsan Inc., volume:- 24, página:- 213-216.
- **F Benitez e J. Romeu**, et.al; (1996):- Aparelho de receção multibanda fractal tendo em conta a junta de Sierpinski, volume:- 245, página:- 3413-3451.
- **F. E. Gardiol**,et.al;(1984):- Broadband Patch Antennas, volume:- 934, page:- 234-265.

- **F. Merli, J.-F. Zürcher, A. Freni, e A. K. Skrivervik**, "Design Of A Directive Ultra-Wideband Antenna," Apresentado na 2ª Eur. Eur. On Antennas And Propag. (Eucap 2007) Edimburgo, Escócia, Reino Unido, novembro de 2007.
- **F.C. Silva e A.J.M Soares**, AS - Antenna Sythesis Code, Departamento de Engenharia Elétrica, Universidade de Brasília, 2003.
- **F.P.Casares-Miranda** and C.Camacho-Penalosa, and C. Caloz,et.al;(2006):- High-increase dynamic composite right/left-gave broken wave reception apparatus, volume:- 46 page:- 245-454.
- **Francesco Merli** (2009), Analysis, Design And Realization Of A Novel Directive Ultrawideband Antenna, Vol. 57, No. 11, November 2009
- **G. A. Deschamps e J. D. Dyson**, et.al;(1971):- The logarithmic winding in a solitary gap multimode receiving wire framework, volume:- 64, page:- 1253-1345.
- **G. H. Chestnut and O. M. Woodward**,et.al;(1952):- Experimentally decided radiation qualities of cone shaped and triangular receiving wires, volume:- 101, page:- 1923-3121.

Printed by Books on Demand GmbH, Norderstedt / Germany